2020 年
全国绿色建筑创新奖
获奖项目集

住房和城乡建设部标准定额司　组织编写

中国建筑工业出版社

目 录

第
一
章

一等奖

第二章

二等奖

第三章

三等奖

一等奖

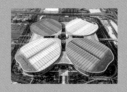

一等奖

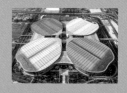

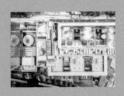

北京大兴国际机场旅客航站楼及停车楼工程

获奖情况

获奖等级：一等奖

项目所在地：北京市、河北省廊坊市

完成单位：北京新机场建设指挥部、北京市建筑设计研究院有限公司、北京清华同衡规划设计研究院有限公司、北京城建集团有限责任公司、中国建筑第八工程局有限公司、首都机场集团公司北京大兴国际机场

项目完成人：姚亚波、郭雁池、朱文欣、吴志晖、王亦知、肖伟、王晓群、韩维平、赵建明、易巍、白洋、李晋秋、段先军、张志威、何彬、陈杰、张晓峰、杨鑫、康春华

项目简介

北京大兴国际机场是习近平总书记特别关怀、亲自推动的首都重大标志性工程，是国家发展的一个新动力源。项目位于北京市大兴区与河北省廊坊市交界处，于2019年9月正式建成投运。

北京大兴国际机场采用"立体换乘、无缝衔接"的创新设计理念，航站楼综合体总面积为143万m²。航站楼高度50.9m，采用中央航站区尽端式布局、集中式主楼加放射状五指廊的形式，地上5层、地下2层，设置双层出发车道边，是世界上最大的减隔震建筑，建设了世界上最大单块混凝土板。核心区超大跨度，采用C形柱支承，实现了结构、建筑美学与绿色建筑的有机结合。航站楼在旅客步行距离、四项主要中转时间、首件行李到达时间、节能环保等方面树立了全新标杆。停车楼地上3层、地下1层，主要为航站楼旅客提供停车使用。

项目斩获中国钢结构杰出工程奖、鲁班奖和国际卓越项目管理金奖等国内外重要奖项，在绿色建设方面采取一系列创新举措，是全国获得绿色建筑三星级认证最大的单体建筑，也是全国首个节能3A级认证的建筑。

航站楼空侧峡谷鸟瞰图

航站楼鸟瞰图

值机大厅漫反射吊顶与天窗

创新技术

作为新时代的标志性工程，大兴机场全面践行新发展理念，将绿色建设作为实现"引领世界机场建设、打造全球空港标杆"的重要手段，通过理念创新、管理创新、技术创新，推进绿色理念在机场全寿命周期中的贯彻落实，取得了一系列具有世界先进水平的创新型成果。

1．五指廊构形的集成综合交通枢纽

航站楼采用集中式五指廊构形，旅客从中心到最远端登机口步行距离不超过600m，步行时间不到8min。3层出发、2层到达国内旅客进出港混流等创新设计，使航站楼流程效率达到世界一流水平。高铁、城际、快轨等多种轨道交通穿越航站楼，在航站楼下设站，实现"零距离换乘"。

2．节能低碳，践行绿色建筑

坚持优先采用被动式节能的设计理念，从源头降低能源消耗。航站楼屋面采用双层金属屋面，具有优异的保温隔热性能，全楼4.7万m²天窗在避免集中热负荷的基础上，最大化利用自然采光，穹顶之下的四层值机大厅及各条指廊在日间无需人工辅助照明即可达到舒适的采光效果。结合平面功能组织，自然天光更可通过楼层板洞直达2层行李提取厅与首层国际入境现场等公共空间。

自主研发应用采光顶玻璃中置遮阳网片专利技术，在获得充足自然采光的同时有效减少直射阳光带来的热负荷。全楼21.5万m²室内大吊顶采用表面高漫反射涂层铝蜂窝板，结合全LED反射光源，有效降低能耗。停车楼屋顶建设光伏发电系统，可再生能源发电量占建筑用电量的3.79%，航站楼桥载APU系统节能50%，车辆综合电动化率达75%，有效提高机场绿色保障能力。场区建成全球规模最大的耦合式浅层地源热泵系统，全场可再生能源比例达到16%以上。

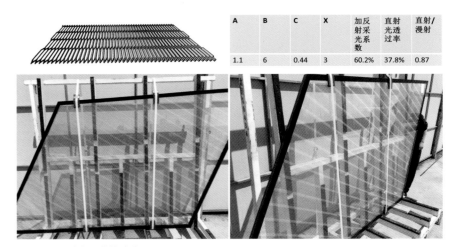

A	B	C	X	加反射采光系数	直射光透过率	直射/漫射
1.1	6	0.44	3	60.2%	37.8%	0.87

中置遮阳网片专利节能玻璃

3．安全耐久，创新结构设计

北京大兴国际机场是一座空铁联运的超级交通枢纽。前所未有规模的混凝土结构与大跨度异形曲面钢结构，为航站楼结构设计带来了巨大挑战。

整体结构采用层间隔震设计，航站楼核心区整体为完整的不设缝混凝土板，尺度达565m×437m，支撑在1154个隔震支座上，同步解决了航站楼与轨道交通共构问题，大幅提升了航站楼抗震能力，降低了轨道振动对航站楼的影响，使高铁全速通过成为可能。

外围护系统采用全参数化BIM数字设计，统筹大跨度异形自由曲面外观、结构和内装一体化设计；核心区钢结构采用C形柱支承，充分利用形体受力特性，实现了跨度达200m的无柱空间，柱顶设自然采光顶，是建筑美学与绿色建筑的有机结合。

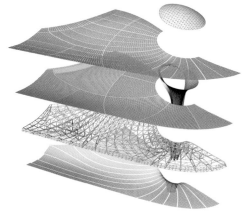 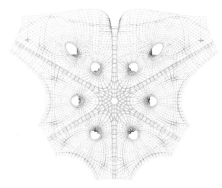

外围护典型部位（C形柱处）分层图（BIAD）　　　核心区主钢结构顶视图

4．绿色运行，打造智慧机场

航站楼建设One ID一脸通关系统，推进旅客全流程"无纸化出行"；落地进出港行李100%全流程追踪，提升旅客体验和服务品质，打造全球智慧机场新标杆。建设环境管理系统，全面监控环境现状，预测环境风险趋势，为管控措施的制定提供科学有力的依据。全过程高标准落实环保措施，在除冰液回收与处理、海绵机场建设、环境信息化管理等树立全新标杆，获评北京市绿色生态示范区，并成为全国首个在开航一年完成整体竣工环境保护自主验收的大型枢纽机场。

本项目在建筑节能、结构安全、旅客体验、环境影响、智慧管理等各方面均达到世界先进水平。2020年四个季度ACI测评整体满意度均为满分，荣获国际航空运输协会（IATA）"便捷旅行"项目白金标识认证、"亚太地区2500万至4000万吞吐量最佳机场奖"及"亚太地区最佳卫生措施奖"，实现了经济效益、社会效益和环境效益的高度统一。

自助安检通道　　　　　航站楼TOC

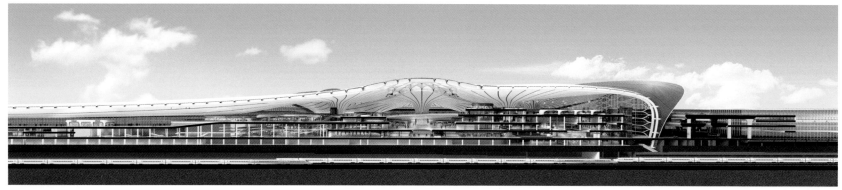

航站楼纵剖面

航站楼内景

专家点评

该项目采用层间隔震设计，解决航站楼与轨道交通共构问题，实现高铁全速通过。外围护系统采用全参数化BIM数字设计，统筹大跨度异型自由曲面外观、结构和内装一体化设计。核心区超大跨度采用C形柱支承，充分利用形体受力特性，实现跨度达200m的无柱空间。柱顶设自然采光顶，实现了结构、建筑美学与绿色建筑的有机结合。通过最大化利用自然光、减少直射热负荷、高漫反射材料结合全LED反射光源，充分实现被动节能。通过屋顶光伏、桥载apu系统、耦合式浅层地源热泵系统，实现低碳节能、可再生能源充分利用。通过旅客"无纸化出行"、行李全程追踪、环境风险全面监控预测，有效提升运营管理水平。项目在安全耐久、节能低碳、便捷体验、智慧管理等各方面均达到世界先进水平，实现了经济效益、社会效益和环境效益的高度统一。

车道边

五指廊构型

首钢老工业区改造西十冬奥广场项目

获奖情况

获奖等级：一等奖

项目所在地：北京市

完成单位：北京首钢建设投资有限公司、中国建筑科学研究院有限公司、君凯环境管理咨询（上海）有限公司、杭州中联筑境建筑设计有限公司、北京首钢国际工程技术有限公司、北京首钢建设集团有限公司、北京首钢自动化信息技术有限公司

项目完成人：金洪利、白宁、罗刚、袁芳、陈亚波、谢琳娜、赵乃妮、寇宏侨、陈自强、秦未末、薄宏涛、张志聪、王兆村、陈罡、李建辉、王伟林、李腾、官承波

项目简介

首钢老工业区改造西十冬奥广场项目位于北京市石景山区新首钢高端产业综合服务区北区北部，占地面积约7.7万㎡，总建筑面积约8.3万㎡。在首钢生产期间，整个区域用于高炉炼铁的物料存储。2016年3月，北京市政府确定2022年冬奥组委办公区落户首钢，该区域对老工业厂房进行改造建设，将办公、会议及配套服务等民用功能重新赋予旧日工业建筑，在保留原有工艺流程的前提下，完成了工业设施功能提升及生态化改造，实现了工业遗存保护与改造利用的双赢。

该项目于2019年获得《既有建筑绿色改造评价标准》GB/T 51141绿色改造三星级设计认证，此外荣获2020—2021年度国家优质工程奖、2019年度行业优秀勘察设计奖优秀（公共）建筑设计一等奖等多项国内外奖项。

首钢老工业区改造西十冬奥广场项目鸟瞰图

新老结构连接节点实景

各转运站保留原结构并外置交通空间的改造策略

筒仓和料仓屋面上透光率为20%的薄膜光伏组件

创新技术

1．科学改旧——工业遗存旧有结构加固改造创新设计技术

项目通过研发新技术、应用复合抗震加固方法，构建了"空间重构""本体加构""消能减震"为一体的技术路径，颠覆了旧有园区大拆、大建的传统改造思维模式，实现了新加楼层与旧有结构的有效连接、协调受力及新老结构安全、合理的过渡结合。

2．新旧融合——工业遗存装配式加建和建筑功能化改造技术

通过装配式"外补内增"的合理改建，将旧有构筑物进行"织补缝合"。以工业遗存价值评价为依据，对主工艺流程进行完整保护，作为工业文化展示的主要元素。同时，根据既有工业建构筑物的现状特点，从"尊重工业遗存、对话自然景观、建构院落尺度、回归人性空间"角度进行创新设计，实现工业建筑向民用建筑的完美转化。

3．旧体新脉——工业遗存改造机电系统配置技术

克服工业转民用、旧建增新能的困难，优化布局，巧妙配置绿色高效的机电系统，满足冬奥组委的高标准、严要求。

4．旧筑新源——工业遗存改造与新能源融合技术

结合建筑用能特征及自身条件，将可再生能源与旧工业改造相结合，实现创新。合理采用太阳能热水、光伏发电等可再生能源技术，用可再生能源部分替代常规能源，实现年发电量13万度，减少常规能源的耗量；配置139个智能充电桩，占总车位数量的35%；应用雨水回收和中水系统，年节水量可达4千t。

5．旧身新脑——工业遗存改造智慧化运营技术

自主研发融合物联网、大数据及AI技术的智慧化管理运营平台，自主研发能够自适应的多协议数据解析通道技术和能够自主学习的绿色节能AI算法，制定民用建筑弱电智能化建设与数据采集标准。创新性地应用工业数据通信技术，实现建筑智能化数据的"毫秒级"传输，实现建筑群综合运营管理能力全面提升。

6．绿色拆旧——"拆降一体化"高耸构筑物拆除技术

研发"同拆同降"作业平台，形成"拆降一体化"高耸构筑物拆除技术，突破空间、环境限制，解决特殊环境下高耸构筑物的人工拆除高空作业难题，实现安全绿色拆除，并成功应用于首钢园区内其他高耸构筑物的拆除。经行业专家鉴定，该技术达到国内领先水平。

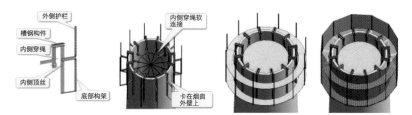

同拆降、拆降一体化高空作业施工平台

梁截面加大

基础置换

7. 固旧如新——工业遗存修复加固综合技术

采用集成构件置换、增大截面、粘钢粘碳等方法，因地制宜确定方案，完成类型各异、损腐程度有别、功能需求不同的大规模旧有工业建筑和设施全方位的综合修复和加固。

锈板完成装饰效果

利用废弃铁轨、枕木设计为景观水渠、花槽

8. 加速变旧——加速成锈的装饰锈板表面处理技术

发明离子诱导锈层演变的装饰锈板表面处理技术，促进 α-FeOOH生成，使锈层稳定时间从数年缩短至11天，并解决了锈色不均、锈迹流淌等问题。

9. 生态利旧——工业改造结合的绿色建筑和再生利用技术

提出大型工业设施生态化改造技术集成优化的技术方法，与原有工业建筑特点相结合，将适宜的绿色、生态和节能技术应用于工业遗存改造中。改造过程中，在满足使用功能和结构安全的前提下，尽可能保留原有结构，避免大量建筑废弃物流入环境中造成二次污染。秉承绿色办奥的理念，在建设中，全面采用建筑废弃物自产的再生集料等绿色建材，实现了建筑废弃物在园区就地拆除、就地处理、就地利用，提升园区的循环经济水平。

专家点评

该项目秉承绿色设计和建设理念，因地制宜将老工业厂房改造成冬奥会办公场所，既保留了工业建筑的原有风貌和功能遗存，又能够满足冬奥会办公场所使用要求。在科学改旧、新旧融合、旧身新脑、绿色拆除、旧建筑加固、机电有机更新、生态利用旧建筑等方面成功进行了多项创新尝试。该项目社会和经济效益俱佳，为老工业遗址的改造更新提供了很好的示范和借鉴。

切割下的混凝土块、废旧的铁轨和钢板组成奥组委的入口

首钢老工业区改造西十冬奥广场项目夜景图

首钢老工业区改造西十冬奥广场项目实景图

2019年中国北京世界园艺博览会中国馆

获奖情况

获奖等级：一等奖

项目所在地：北京市

完成单位：北京世界园艺博览会事务协调局、中国建筑设计研究院有限公司、中国建筑科学研究院有限公司

项目完成人：叶大华、崔愷、董辉、景泉、曾宇、白彬彬、黎靓、黄欣、李静威、裴智超、王进、郑旭航、蒋璋、田聪、吕亦佳、吴燕雯、朱超、吴洁妮、魏婷婷、吴南伟

项目简介

2019年中国北京世界园艺博览会中国馆位于北京世界园艺博览会的核心景观区，用地面积4.8万㎡，总建筑面积2.3万㎡，占地面积为0.79万㎡。建筑包括地上2层和地下1层，高度为23.8m，构架最高处达到36m。它的主要功能为园艺展示，由序厅、展厅、多功能厅、观景平台、室外梯田等构成。

中国馆的设计充分挖掘了场所精神和地域文脉，采用了符合本土理念的材料，运用了覆土建筑、地道风、可再生能源等技术，并设置了智慧能耗管理系统，实现了建筑的绿色节能设计，体现了"人·建筑·自然"和谐统一的绿色理念。该项目于2019年9月依据《绿色建筑评价标准》GB/T 50378获得绿色建筑三星级标识。

中国馆南立面

水院屋顶

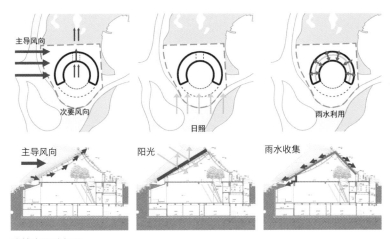

建筑布局分析图

主导风向

次要风向

日照

雨水利用

主导风向　阳光　雨水收集

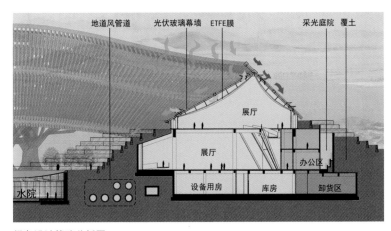

绿色设计策略分析图

地道风管道　光伏玻璃幕墙　ETFE膜　采光庭院　覆土

展厅

展厅

办公区

水院　设备用房　库房　卸货区

中国馆北立面

创新技术

1. 地域特色

中国馆按100年结构耐久性使用年限进行设计，用现代的手法表达出中国传统哲学与园艺思想的精髓。为适应地域性建造方式，向当地古崖居学习，建筑形态为半围合环抱型，减少了建筑的体形系数，提供了充足的光照机会，并有利于夏季引入新风，冬季减少建筑对风的阻力。建筑首层埋入土中，运用覆土堆积梯田，体现了悠久的中华农耕文明。梯田的垂直面使用长城石块，体现延庆特色。藏拢聚气、师法自然、大道至简，整体形成一亩梯田、一方水院、一个屋檐、一间暖房的中国特色建筑，融入山水之间。

2. 覆土建筑

中国馆采用被动式技术，将大部分展馆置于室外梯田景观之下，形成约1500m²覆土屋面。减少了建筑暴露在空气中的外表面积，从而减少了建筑与室外空气的热交换，利用覆土的蓄热和保温性能，达到很好的冬季保温及夏季隔热效果，有利于实现良好的室内热湿环境，降低了主要功能房间的室内噪声级，起到优化室内声环境的作用；丰富了场地绿化空间，形成了可降低坠物风险的缓冲区、隔离带；利用覆土梯田对屋面雨水进行梯级净化和蓄滞，最大限度地实现了雨水的自然积存、自然渗透、自然净化。

石笼墙与梯田

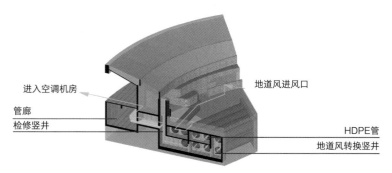

地道风剖面图

进入空调机房
管廊
检修竖井
地道风进风口
HDPE管
地道风转换竖井

屋顶架构

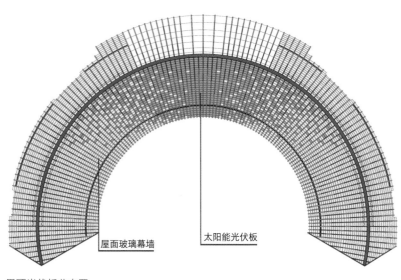

屋顶光伏板分布图

屋面玻璃幕墙　太阳能光伏板

3．地道风

为降低空调新风负荷，设置地道等为使用频率较高的展馆提供新风。地道管道采用高密度聚乙烯材料（HDPE），避免传统混凝土管道风管结露、发霉等问题对室内空气质量的影响。地道风服务于中国馆一层的展览空间，为该区域的空调系统提供足够的室外新风，总风量约50000m³/h。地道风系统利用浅层土壤的蓄热能力，在夏季对新风进行预冷，冬季对新风进行预热，减少空调系统的室外新风处理能耗；过渡季时地道风关闭，空调系统直接引入室外新风，大幅减少空调系统开启时间，有效降低建筑使用能耗。

4．可再生能源

本项目空调冷热水由北京世界园艺博览会园区中国馆能源站内的冷热源设备提供，冬季采用"深层地热+浅层低温+水蓄能+调峰燃气锅炉"的复合式系统供热，夏季采用"浅层低温+水蓄能+调峰电制冷机"的复合式系统供冷。深层地热由"板换+地热机组"提供，"浅层低温+水蓄能"由双工况地源热泵机组提供。充分利用可再生能源，中国馆能源站总制冷量14912kW，总热量16178kW，总冷热量为31090kW，"地源热泵+水蓄冷"（地源热泵机组蓄能）制冷量5768kW、"地热板换+地热机组+地源热泵机组+水蓄冷"（地源热泵机组蓄能）制热量9110kW，总冷热量为14878kW，可再生能源比例达到47.85%。

结合中国馆屋面结构特点，在屋面东西两侧各设置一组太阳能光伏发电组件，使用了世界先进的非晶硅薄膜发电技术。太阳能光伏发电系统与市电并网，太阳能光伏发电板约2000m²，发电量约80kW，供给2层展厅的照明使用，多余或不足的电力通过与市政电网联结进行有效调节。可再生能源提供的电量比例约为3.2%。

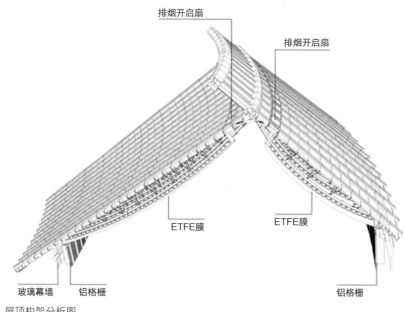

屋顶构架分析图

排烟开启扇
排烟开启扇
ETFE膜
ETFE膜
玻璃幕墙　铝格栅
铝格栅

中国馆二层西南侧平台

中国馆二层中部平台

5．智慧能耗管理系统

中国馆及能源站内设置建筑能耗管理系统，对建筑的冷冻水、热水、燃气及电量进行分项计量采集并上传。可根据能耗类型、设备类型、不同区域，提供日、周、月、年等多种统计方式，便于运营管理方对历史能耗数据进行分析，实现节能诊断、制定能效优化策略等。

6．高效设备

空调系统采用高效输送设备，风机、水泵均达到国家二级能效要求，且均能根据末端负荷变化进行变频控制；热源选用高效真空燃气锅炉，锅炉效率为92%；地源热泵机组均达到国家要求的一级能效水平；室内照明采用节能灯具，实现建筑整体能耗降低达26.87%。100%采用一级用水效率的节水器具，绿化灌溉100%采用微喷灌的节水灌溉系统。

专家点评

该项目充分结合场地环境，采用了符合本土理念的材料，利用覆土的蓄热和保温性能实现冬暖夏凉、室内降噪、丰富场地绿化空间。通过半围合环抱型覆土建筑形态，充分利用自然采光，减少建筑体型系数，从而减少室外空气的热交换。同时，项目通过应用地道风、可再生能源，高效供暖空调、照明、用水器具，设置智慧能耗管理系统等方式，实现了建筑的绿色节能设计。利用覆土梯田实现对屋面雨水的自然积存、渗透、净化。梯田堆积、长城石块应用，体现农耕文明合地域特色，运用现代手法表达了中国传统文化精髓。项目师法自然、大道至简，融入山水之间，整体形成一亩梯田、一方水院、一个屋檐、一间暖房的中国特色绿色建筑，体现了"人·建筑·自然"和谐统一的绿色理念。

北京市房山区长阳西站六号地01-09-09地块住宅楼项目

获奖情况

获奖等级：一等奖

项目所在地：北京市

完成单位：北京五和万科房地产开发有限公司、北京市住宅建筑设计研究院有限公司

项目完成人：姜然、刘威、王耀辉、冯睿、钱嘉宏、赵智勇、徐连柱、徐天、李庆平、高洋、王少锋、王国建、杜庆、袁苑、胡丛薇、刘敏敏、果海凤、王义贤、熊樱子、丁雯

项目简介

北京市房山区长阳西站六号地01-09-09地块住宅楼项目位于北京市房山区长阳镇，总投资为40183.86万元。项目建筑用地面积为2.96m²，总建筑面积为10.14万m²；地上建筑面积为70168.97m²，地下建筑面积为31203.53m²。

本项目为北京第一个全小区采用装配式建筑、装配式内装的高层住宅项目。本项目共有住宅12栋，层数分别为10层、11层和21层，建筑高度分别为29.20m、32.00m和59.85m，住宅户型面积分别为80m²二居、95m²三居和100m²三居。小区整体为精装修交房；采用整体厨房、整体卫浴，卫生间同层排水。

本项目于2015年取得"三星级绿色建筑设计标识证书"。2019年被评为"北京市优秀工程勘察设计奖"住宅与住宅小区综合奖二等奖、绿色建筑专项二等奖和装配式建筑设计优秀奖（居住）专项一等奖等奖项。

小区主出入口图

装配式样板间

小区人车分流示意图

市政道路
消防应急路
车行主路
入户路
商业人流
消防扑救面

楼门安全装置

创新技术

1．装配式住宅技术做法

本项目设计研发的多种装配式住宅技术做法，成为日后装配式建筑的标准做法。如装配式建筑国家标准图集《预制钢筋混凝土板式楼梯》15G367-1编制时，即以本项目预制剪刀楼梯的施工图做法作为基础。

原装配式住宅的飘窗做法，仅正面能开外窗，且生产工艺和模板制作复杂，无法在生产线上完成。本项目飘窗优化设计后，可以三面开窗，住宅品质大幅提升，同时简化了生产工艺，可以方便地在生产线上完成。

户内采用轻集料混凝土隔墙板，设计预先排板，优化配置方式，减少裁切，并根据空心隔墙板圆孔位置，准确定位楼板线管的甩出位置，确保线管走在圆孔中，避免了隔墙板的剔凿。

2．提升建筑安全性、耐久性

本项目采用人车分流，每个单体出入口设防意外脱落防护装置，设置防坠物隔离带，保障住户安全。

本项目采用的预制构件在工厂生产时，其构件尺寸、强度、外观等均能达到较高标准。现场仅需吊装上楼等步骤，劳动强度大大降低，施工质量得到保证。通过优化设计，解决了预制外墙板套筒连接，预制外墙板保温防热桥、防渗漏，预制叠合楼板管线预留孔洞，预制叠合楼板预埋电气管线等技术难题。预制混凝土结构住宅体系施工速度快，有利于节水、节材，减少建筑垃圾。建筑部件标准化生产，有利于提高住宅品质，提升建筑耐久性能。

3．打造宜居环境

室外环境：在冬季典型风速和风向下，室外休息区、儿童娱乐区风速小于2m/s。室外活动场地设有乔木、花架等遮阴措施的面积比例达到30%。

建筑外部环境：规划上以贯穿南北的中心景观绿化带为主轴，错落有致地布置住宅，建筑与景观有机地结合在一起，均为南北向住宅，空间布局紧凑，使用功能完善。本工程区内及周边地块住宅的日照条件均得到最大改善，保证了家家向阳、户户有景。

场地的规划设计：绿化以乔木为主，采用乔、灌、草及层间植物相结合的复层绿化，加大乔木种植量，绿地面积10030.64m²，绿地率40%；住区非机动车道路、地面停车场和其他硬质铺地采用透水地面，并利用园林绿化提供遮阳。室外透水地面面积比为65.92%；合理开发利用地下空间，将设备用房、垃圾分类投放站、汽车库等设在地下室，地下建筑面积与建筑占地面积之比为569%。

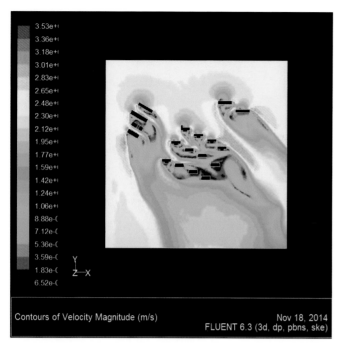

冬季风速分布图

绿色雨水基础设施

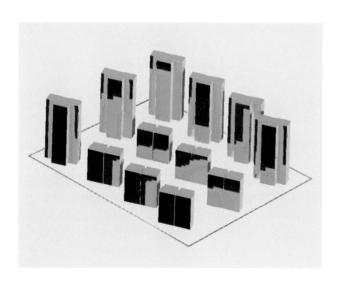

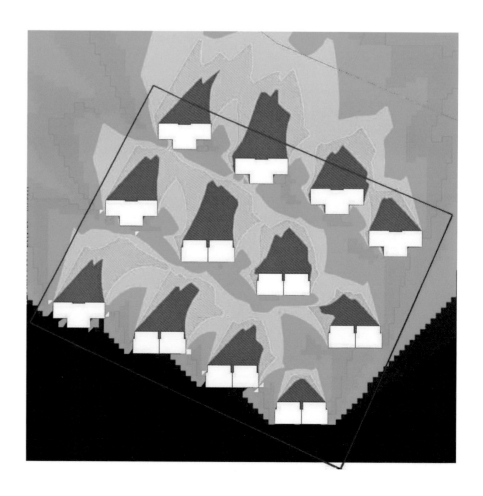

说明:

图例	说明
<1h	测试地点：北京
1~2h	测试时间：大寒日
2~3h	测试时段：8:00~16:00
3~4h	测试软件：清华日照分析软件
4~5h	结论为，测试住宅每户至少有一个
5~6h	居室（三居室有两个居室）满足大
6~7h	寒日2h日照时数要求，且对外部周
7h以上	边建筑无遮挡

日照分析图

4．全寿命周期应用BIM技术

本项目利用BIM技术在住宅设计过程中的空间优化、减少错漏碰缺、深化设计需求，进行施工过程的优化、仿真以及项目建设中的成本控制等，将传统的建筑信息模型延伸至动态的建筑信息模型，直至做到基于建筑信息的管理，同时将BIM技术深入应用到施工管理和物业运维中，真正达到了建筑全寿命周期的应用，提高了整个行业的效率。

专家点评

该项目是采用整体全装配式方式建造的精装房住宅，应用了整体厨房、整体卫浴和同层排水等创新技术。在实施过程中，项目设计研发的预制钢筋混凝土板式楼梯等技术已成为装配式建筑的标准做法。项目采用了楼栋出入口意外坠落防护措施、预制外墙板保温防热桥防渗漏、预制板预埋电气管线技术等创新技术。同时，通过应用BIM技术进行空间设计优化、施工过程优化、建设成本控制和物业运营管理，有效保障了工程质量，提高了建造效率和运营管理水平。

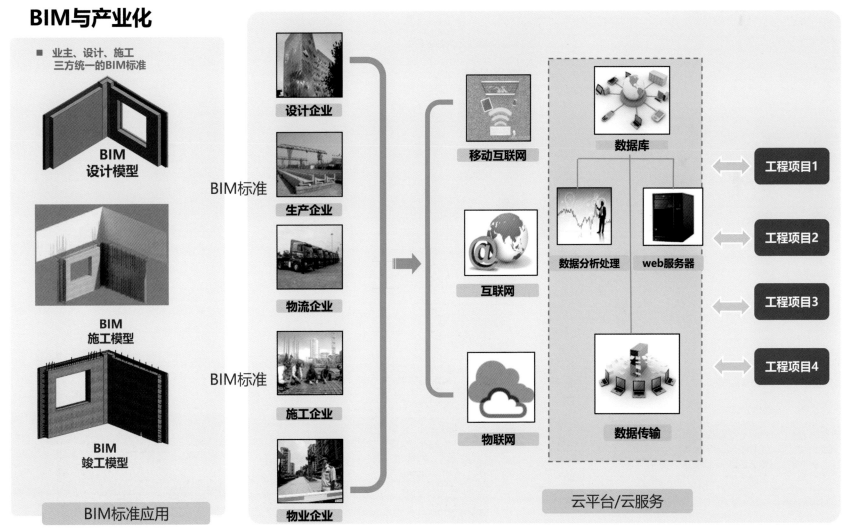

BIM与产业化

天津市建筑设计院新建业务用房及附属综合楼工程

获奖情况

获奖等级：一等奖

项目所在地：天津市

完成单位：天津市建筑设计研究院有限公司、天津天一建设集团有限公司、天津建华工程咨询管理有限公司、天津市宏伟蓝图物业管理有限公司、天津市天泰建筑设计院

项目完成人：张津奕、吴彤、伍小亭、王东林、宋晨、马旭升、李杰、曲辰飞、李宝鑫、高鹏举、刘小芳、卢琬玫、谢鹏程、袁乃鹏、陈奕、田铖、陈彦熹、何莉莎、张卫星、蔡江

项目简介

天津市建筑设计院新建业务用房及附属综合楼工程是对既有院落的有机更新，集设计、研发、会议、停车于一体的综合建筑，总建筑面积为31250m²，分为2栋建筑，设有连廊相通。新建业务用房为办公楼，建筑高度为45m，地上10层，地下1层，建筑面积为20560m²。附属综合楼为停车楼，建筑高度为15m，地上4层，地下1层，建筑面积为10590m²。

本项目力求打造高端、高标准、高舒适的绿色健康建筑，从规划设计阶段便以绿色、健康设计为切入点，采用近30项绿色建筑技术集成。本项目已获得三星级绿色建筑设计和运行标识、二星级健康建筑设计标识、美国LEED金奖、第七届Construction21国际"绿色解决方案奖"国际最佳奖及中国建筑学会科技进步二等奖等20多个奖项。

天津市建筑设计院新建业务用房及附属综合楼实景鸟瞰图

主立面图

入口大堂

室内垂直绿化

办公空间

雨水花园

消能减震结构

外立面可调节外遮阳

平板式太阳能

创新技术

1．基于绿色建筑理念的消能减震技术的混凝土框架结构体系

根据建筑功能及布局，结构方案考虑框架结构、框架–剪力墙结构和框架+阻尼器结构三种方案，综合比较三种方案的优缺点，综合考虑工程造价以及对建筑空间的影响，最终消能减震结构方案确定为采用框架+阻尼器结构。业务用房在钢筋混凝土框架结构体系基础上，设置88组剪切型软钢阻尼器，阻尼器的布置方式采用墙式，减小结构位移角，使结构整体和各类构件具有了较大的弹塑性变形能力储备，减轻了地震带来的灾害，同时达到节材的目的，与混凝土框架–剪力墙结构相比，节省混凝土量1350m^3，节省混凝土量占混凝土总量的20%，减少碳排放约49t。

2．建筑一体化可调节电动金属外遮阳窗

避免西晒和调节室内采光效果，设置与建筑一体化的可调节电动金属外遮阳窗，外遮阳设置部位为西向，同时设置智能窗帘控制模块，结合室外自然光条件和专家节能控制策略，设置运行多种模式，实现室内光照控制和空调控制，最大程度利用自然光线，合理利用室外热能，减少建筑能耗。不同场景模式间可通过自动或手动方式，进行一键互换，使用方便快捷。

3．可再生能源综合利用系统

采用太阳能耦合地源热泵供冷供热系统，包括垂直埋管土壤地源热泵系统、槽式太阳能供冷供热系统和平板式太阳能供冷供热系统。共设置垂直埋管136孔，采用变频螺杆热泵机组，在业务用房屋面设置太阳能槽式集热器252m^2，在附属综合楼屋面设置太阳能平板式集热器144m^2。同时，利用空调系统余热作为生活热水热源，实现能源的梯级利用，可再生能源利用率达到65%以上。

采用太阳能光伏发电系统，在附属综合楼屋顶装设光伏并网发电系统，分别安装等容量单晶硅、多晶硅、非晶硅光伏组件，装机容量约21kWp。采用自发自用、并网不上网的运行方式。

4．绿色智慧集成平台

本项目中采用了多项绿色建筑技术，为了使各设备协调一致、节能高效运行，在建筑物2层设置具有多系统整合、优化设置、高效运行的控制中心，建立绿色智慧集成平台。该平台采用了网络通信综合集成技术、数据交互技术和组态技术，包括能源管理、运维管理、专家管理三部分。集成平台功能基于用户侧需求及管理需要设计，具有实时监测、集中控制、能源管理、报警管理、运行日志及维保管理等18种功能。绿色智慧集成平台的建设，有效降低新建用房的管理难度，降低运维成本，实现对绿色建筑的精细化管理。同时，绿色智慧集成平台获得两项科技进步奖和多项专利。

5. 建筑信息模型（BIM）全过程管理

BIM技术贯穿于项目的可行性研究、建筑设计、实施建设、运营维护等全寿命周期，从而实现项目全寿命周期的精细化管理，提高了项目整体设计水平，提升了施工建造与运营管理的质量和效率。本项目创新性地采用自主研发的绿色智慧集成平台与BIM智能化运维管理系统相结合的方式，有效避免了大型绿色建筑公共建筑运行管理中普遍存在的诸多问题。

6. 智慧海绵城市系统

室外雨水系统设计结合整个地块雨水利用综合考虑，采用了丰富的海绵城市设施，包括透水混凝土地面、下凹式绿地、地埋式雨水蓄水池、景观水体等设施。为了评估海绵城市的建设效果，设置了海绵城市监测系统，监测指标包括土壤温湿度、水质、水位、雨量等，所有指标实时采集，传入后台的采集存储分析系统。

槽式太阳能

地源热泵

专家点评

该项目采用了基于消能减震技术的混凝土框架结构体系、建筑一体化可调节电动金属外遮阳窗，创新应用了可再生能源综合利用系统、智慧海绵城市系统，构建了绿色智慧集成平台，实现了基于建筑信息模型的全过程工程项目管理，推动了建筑信息化转型与智能化升级，为我国建筑节能与绿色建筑发展提供了示范参考，取得了可观的社会经济效益。

绿色智慧集成平台

雄安市民服务中心项目（企业临时办公区）

获奖情况

获奖等级：一等奖

项目所在地：河北省保定市

完成单位：中国建筑设计研究院有限公司、中国建筑科学研究院有限公司、雄安中海发展有限公司

项目完成人：崔愷、任祖华、周海珠、孙王琦、杨彩霞、梁丰、李晓萍、庄彤、王雯翡、朱宏利、周立宁、王俊、田露、陈谋朦、范凤花、盛启寰、邓超、刘长松、刘志军、裴韦杰

项目简介

雄安市民服务中心是雄安新区的第一个建设工程，是雄安新区面向全国乃至世界的窗口。项目位于容城县东侧，包含：党工委办公楼、平台公司办公楼、规划展览馆、会议中心、企业临时办公等功能。其中，企业临时办公区位于园区的北侧，由中国建设设计研究院有限公司崔愷院士团队设计，包含1栋酒店、6栋办公楼和中部的公共服务街，总建筑面积36023m²。

项目整体定位贯彻落实党中央国务院建设雄安新区的决策部署，以"世界眼光、国际标准、中国特色、高点定位"的总体要求，创造"创新、协调、绿色、开放、共享"的园区，打造整个新区绿色建筑发展的标杆，做好示范引领。项目获得绿色建筑三星设计标识，并获得行业多项奖项。

雄安市民服务中心项目（企业临时办公区）西侧鸟瞰图

工厂批量生产

工厂箱体一体化建造

箱体运输   现场吊装

全装配式、集成化的箱式模块建造体系、机械吊装的施工模式

创新技术

1.绿色建筑建造模式——全装配式、集成化的箱式模块建造体系

（1）全装配式、集成化的箱式模块建造体系

基于项目的特殊性，企业临时办公区建筑创新性地采用全装配式、集成化的箱式模块建造体系+钢框架结构，装配化率达90%。建筑结构、设备、内装、外装、建造均在工厂进行，再运输至现场，进行简单的搭接即可完成。

这种特殊的建造模式可以做到"建设速度"与"建筑品质"的兼顾，最大限度减少湿作业，避免冬期施工带来的问题，减少现场施工垃圾，实现绿色建造。

（2）模块化、标准化的设计体系

基于全装配式、集成化的箱式模块新型建造体系，项目采用模块化、标准化的新型设计模式，其空间设计、外墙逻辑等均进行标准化设计。

（3）集成化的内、外装修，设备管线及材料构造

结构、设备、装修等实现一体化建造，材料可循环利用。

（4）工厂化的加工方式

快速建造与高品质建筑的实现，减少湿作业，避免冬期施工问题。

（5）机械吊装的施工模式

减少建筑垃圾、噪声、扬尘、人工，提高施工效率。

（6）可循环利用，建筑全寿命周期的设计理念

每个模块自成体系，当这组建筑完成其"临时性"的历史使命时，所有的模块可以移至他处，重新组装、循环利用，减少建筑垃圾。

（7）自由生长的开放化规划模式

由于项目选址、规模、功能的不确定性，区域规划需要有一定的适应性与可变性。标准模块组合成一组组"十字形"的建筑单元，交通核位于"十字形"的中心，形成公共服务空间，办公空间围绕交通核布置。"十字形"的平面使建筑呈现一种对周边环境开放的姿态，建筑贴近绿化，融入自然；小进深可以实现最大化的自然通风、采光；每个"十字"单元再经过局部变形、组合，向外自然生长，蔓延于环境之中。在之后的使用过程中，可以通过增减模块单元来适应功能与规模的变化。

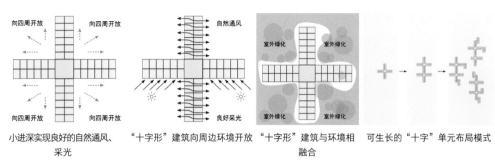

小进深实现良好的自然通风、采光　　"十字形"建筑向周边环境开放　　"十字形"建筑与环境相融合　　可生长的"十字"单元布局模式

绿色建筑建造模式——自由生长、开放化的规划形态

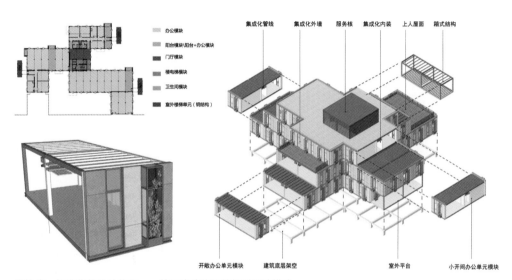

模块化、标准化的设计体系——基于建造体系的新型设计模式

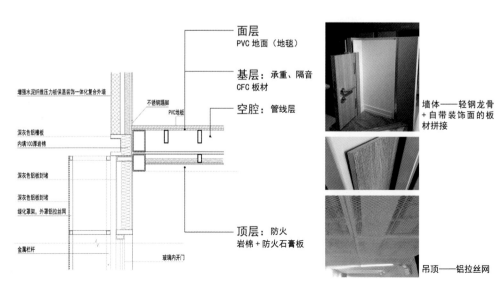

集成化的内、外装修、设备管线及材料构造　　　　可循环利用、全生命周期设计理念

（8）建筑与自然轻接触

基地地势低洼，场地标高比现有南侧道路低1.1m。为解决防洪问题，项目以架空方式处理建筑与自然关系。设计保留原始地面标高，减少填挖，最小化破坏地面，低凹处自然形成雨水花园。

2.绿色生态园区打造——海绵城市设计

园区设计采用下凹式绿地，通过雨水花园、植草沟、生态净化群落、生态湖等绿色雨水调蓄措施、透水铺装等方式，径流总量控制率可达82.57%。

3.绿色生态园区打造——园区雨污零排放

场地内设置模块化地埋式污水处理站，收集场地内所有生活污水。此外，场地内东侧、西侧、南侧设置蓄水方沟，雨水部分在30年一遇排涝标准下，超海绵设施之外的降雨采用雨水蓄水方沟进行存蓄的方式，从而实现园区雨污零排放。

4.可再生能源利用——高效能热源

项目采用地源热泵系统作为可再生能源形式。园区在企业临时办公区设置集中能源站，采用再生水源+浅层低温能热泵+蓄能水池冷热双蓄系统，打造高效冷热源建筑典范。

5.绿色生态园区打造——健康园区生活

企业临时办公区实现人车分流。室外设置健身步道、运动场地，室内设置健身房等。

6.绿色生态园区打造——智慧城市设计

园区建筑均考虑无障碍设计，采用能耗监测系统、空调设备监控系统、无人机器人巡检、无人超市、无人驾驶汽车、酒店入住"刷脸系统"等现代科技，打造智慧园区，提升雄安品牌效益。

7.绿色生态园区打造——BIM+可视化运维技术应用

项目设计阶段通过BIM技术解决了图纸中的错、漏、碰、缺问题，减少了后期施工中出现的拆改情况，避免因拆改造成的材料浪费，以及对施工进度的影响，实现了绿色设计。

8.绿色生态园区打造——综合管廊

园区采用雨水调蓄设施与综合管廊合建的形式，总长度3.3km。有效利用城市地下空间，实现了管线的"立体式布置"，节约城市土地，打造综合管廊示范区。

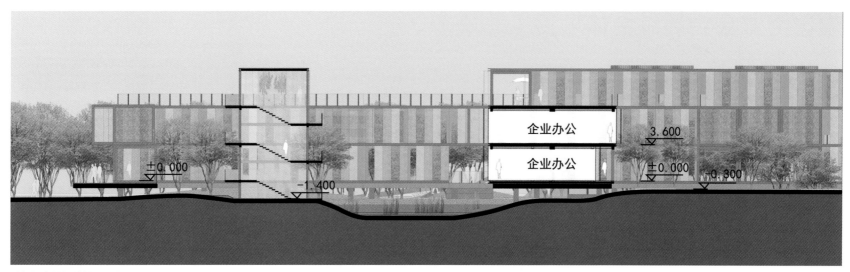

企业办公

3.600

企业办公

±0.000

±0.000

-0.300

-1.400

建筑与自然轻接触

雄安市民服务中心项目（企业临时办公区）建筑东侧入口

雄安市民服务中心项目（企业临时办公区）首层室外平台

专家点评

该项目是雄安新区绿色发展的标杆工程，在全过程、全要素、全链条方面诠释了"世界眼光、国际标准、中国特色、高点定位"的总体要求。工程亮点可以概括为"两高一新"。一是"规划起点高"。在规划设计上实现了建筑师负责制贯穿全过程，模块化设计、装配式建造、海绵城市、综合管廊、智慧城市、"再生水源+浅层低温能热泵+蓄能水池"冷热双蓄系统等新理念、新技术在项目中得到全面应用。全装配式集成化箱式模块建造体系的装配化率达到了90%，当其完成使用任务时标准化模块可以移至他处重新组装、循环再用。二是"建设标准高"。全过程质量可追溯系统、BIM技术应用于建设管理，智慧工地、智慧运营等数字化管理系统也得到实际应用，有效保障了工程质量。三是"投资建设运营模式新"。在开发建设上是国内首例采用联合投资人模式的项目，由联合投资人负责项目的投资-建设-运营全链条业务，打破了"投资人不管建设、建设者不去使用"的传统模式。

中国博览会会展综合体项目（北块）

获奖情况

获奖等级：一等奖

项目所在地：上海市

完成单位：国家会展中心（上海）有限责任公司、华东建筑设计研究院有限公司、清华大学建筑设计研究院有限公司、北京清华同衡规划设计研究院有限公司、上海上安物业管理有限公司

项目完成人：庄惟敏、宁风、李晓锋、张俊杰、郭于林、齐亚腾、姚红梅、傅海聪、陈娜、赵云、张晓其、黄瑶、侯晓娜、郑燕妮、魏志高、张则诚、张剑、黄晓丹、李燏斌、李文思

项目简介

中国博览会会展综合体项目（北块）是由中华人民共和国商务部和上海市人民政府于2011年共同决定合作共建的大型会展综合体项目，由国家会展中心（上海）有限责任公司投资建设并运营。综合体占地面积85.6万m^2，绿色建筑认证面积141.39万m^2，集展览、会议、商业、办公、酒店等多种业态为一体，其主体建筑以伸展柔美的四叶幸运草为造型，是上海市的地标性建筑之一。凭借其超大的展览面积、超强的承重能力、超高的展示空间等独特优势，综合体已连续服务国内、国际展览数千场次。项目分别通过国家绿色建筑设计标识和运行标识认证，是中国迄今为止规模最大的三星级绿色建筑，并先后获得中国建筑工程鲁班奖、中国建筑学会科技进步奖一等奖等数十个奖项。

中国博览会会展综合体（北块）鸟瞰图

环绕展厅专用车道

太阳能光伏板俯视图

雨水微喷灌系统

创新技术

1.以"幸运草"为原型打造前所未有的会展综合体设计

项目整体设计以服务功能为前提,致力于更加集约化、更加人性化,主体建筑逐渐演绎为"幸运草"造型,最终实现了功能与形象的完美统一。作为会展人流、车流汇聚的地标项目,高效的交通输送至关重要,项目以前瞻性理念打造出会展、商业多首层概念。通过8m架空步道层,可步行或使用电梯轻松到达0m层的1层展厅以及16m层的2层展厅,通过首层和2层环绕展厅的专用车道,货车可从各个方向驶入展厅,从而确保货运的畅通运行和人车的有效分离。地面交通部分则通过内、中、外三环设计,有效缓解周边的交通压力,真正做到人车分流、人货分流,确保展会布展、撤展快速便捷。

2.采用"适宜性"技术实现了全寿命周期的资源节约

项目综合采用多项绿色建筑技术,从节约能源、资源角度降低设计和运营阶段的资源消耗。

在办公楼顶部设置太阳能光伏电板,装机容量2168kW,每年发电240万kW·h,可减少全年市政用电的3.6%。

在室外设置1400m³的雨水回收池,将收集到的雨水用于室外场地的绿化灌溉,同时装有微喷灌系统和雨鸟系统,能够提升用水效率并根据室外天气状况自动调整灌溉模式,每年可节约市政用水3.9万m³。

应用复合地基和预应力技术,建成每平方米荷载达到5t的超重地坪示范区,不仅填补了上海市没有举办特种装备、精密仪器等重型工业展览能力的空白,而且比传统桩基节省了8900万元的造价。

室内无柱展厅

热电冷三联供能源站

能源站室内图

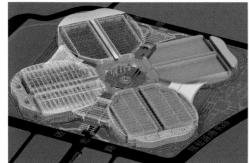

全方位、全过程BIM设计

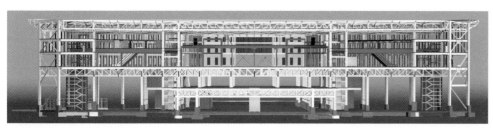

全方位、全过程BIM设计

3．分布式三联供系统实现了"清洁能源"的高效利用

项目设置分布式能源站，采用三联供系统将并网发电产生的余热用来夏季供冷、冬季供暖、供生活热水，实现了能源的梯级利用，能源利用效率达到75%以上，并通过水蓄冷系统的"移峰填谷"有效缓解了区域用电紧张问题。

作为国内首个全部使用三联供系统集中供能的超大型场馆，能源站在运行期间为项目提供了强有力的能源保障，确保了展览、会议、办公的正常运行，同时避免在主体建筑内安置锅炉和冷却塔，降低潜在的安全和健康风险，运营上还能减少设备维保及相关物业人员费用。

经后评估测算，三联供系统年节约标煤1.6万t，年减少CO_2排放量4万t，节能减排效果明显，同时节省初投资3.2亿元，每年可节省运行费用约3400万元，经济效益显著。

4．全方位、全过程应用BIM技术的超大型数字化智慧场馆

在规划设计、施工建造和运行管理期间，本项目均充分利用BIM数字化模型。设计阶段将深化设计缩短了3个月，消除碰撞上千余处，节约投资数千万元。施工阶段在2年半内就完成了亚洲最大会展综合体的建设，减少钢筋用量800t、混凝土用量7000m³，节约投资700万元。运营阶段则利用BIM模型与现场控制网、感知物联网、移动互联网等数字智慧运营系统的集成，依靠"导航""导览"和"导购"等数字智慧硬件及APP软件技术，建立会展场馆的大数据分析平台，实现运营的有序高效，并成功通过进博会期间日40万人次"大客流"、1万辆集卡进出"大物流"和上万辆汽车进出"大交通"的运营考验。

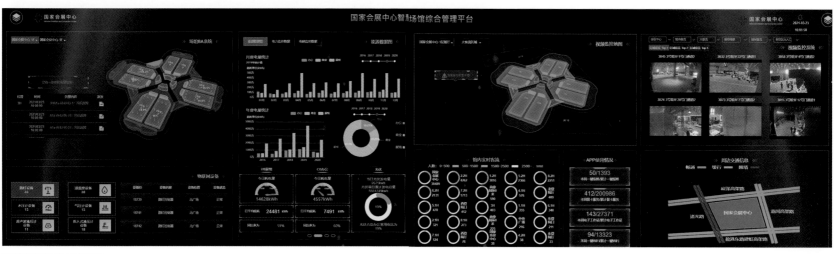

智慧场馆综合管理平台

南广场

专家点评

该项目凭借其超大的展览面积、超强的承重能力、超高的展示空间等独特优势，连续服务国内、国际展览数千场次。项目致力于打造更加集约化、更加人性化的建筑空间，主体建筑 采用"幸运草"造型，实现功能与形象的完美统一。以前瞻性理念打造会展、商业多首层概念，有效缓解周边交通压力，真正做到人车分流、人货分流，确保布展、撤展快速便捷。综合采用屋面光伏、雨水回收、复合地基、分布式能源多项绿色建筑技术，节能减排效果明显，经济效益显著。在规划设计、施工建造和运营管理期间，全过程、全方位打造数字化智慧场馆，并建立会展场馆大数据分析平台，实现设计建造节约投资、运行有序高效。

国家会议中心

上海中心大厦

获奖情况

获奖等级：一等奖

项目所在地：上海市

完成单位：上海中心大厦建设发展有限公司、上海市建筑科学研究院（集团）有限公司、同济大学建筑设计研究院（集团）有限公司、上海中心大厦世邦魏理仕物业管理有限公司

项目完成人：顾建平、韩继红、范宏武、王健、严明、安宇、孙峻、陈继良、方舟、朱文博、刘申、梁云、高月霞、王岚、孙桦、孙建、廖琳、张嘉祥、李芳、张晓黎

项目简介

上海中心大厦位于上海市浦东新区陆家嘴，占地3.04万m²，总建筑面积57.78万m²，地上127层，地下5层，高632m，是一座集办公、酒店、商业、会展、观光等功能于一体的垂直城市。项目提出兼顾人文的"建筑、区域、城市"协同气候环境设计手法，借助先进智慧信息化管理手段，创建全过程BIM绿色建造与施工管理，形成"体现人文关怀、强化节资高效、保障智能便捷"的垂直城市可持续发展理念。项目形成风环境影响控制、光污染防治、气候自适应幕墙节能、多能源梯级复合利用、雨中水高效回用、结构数字化优化与实时监测、自然采光强化、绿色施工全过程管理和基于BIM云平台运管等9大超高层建筑绿色创新技术体系，达到国际领先水平，获得三星级绿色建筑设计和运行标识、美国LEED-CS铂金级认证，是全球最高绿色建筑示范工程，先后获得上海市科技进步奖特等奖、鲁班奖、詹天佑奖等奖项。

上海中心大厦实景图

玻璃幕墙交错方案

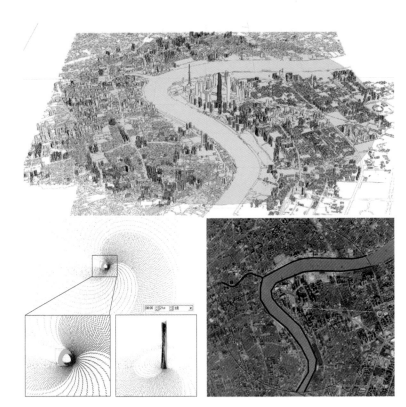

光污染评价范围及模型

创新技术

1. 室外光污染防治技术

项目以3km半径区域为评价范围，采用ECOTECT软件分析夏至日、冬至日、春/秋分日等典型日，项目对周围敏感目标的影响时间、范围和程度，通过建筑幕墙构造优化设计和幕墙玻璃可见光反射比选择抑制建筑幕墙的光污染影响范围和程度。最终建筑外幕墙构造选用交错方案，幕墙玻璃选用"12mm超白玻璃+Low-E透明SGP胶片+12mm超白玻璃"组合，玻璃可见光反射率控制在12%以下。

2. 气候自适应幕墙节能技术

项目提出一种新型内外两层分离式玻璃幕墙构造，两层幕墙之间形成生物气候缓冲区，通过外幕墙控制太阳辐射、内幕墙控制热量交换，再配合多种遮阳手段，可直接减少内幕墙以内区域和外界的直接热交换，幕墙的气候自适应能力得到全面提升，建筑供暖与空调能耗需求明显降低。幕墙构造还具备降噪隔声功能，能屏蔽一部分雷电轰鸣等外界噪声，给人们提供安全感和舒适环境。

3. 多能源梯级复合利用技术

项目引入三联供和地源热泵技术，创建了"三联供+吸收式制冷+电制冷+地源热泵+冰蓄冷+燃气锅炉+免费供冷"的多能源高效复合系统。为实现多能互补能源梯级利用系统的高效低成本运行，通过全年建筑冷热负荷、电力负荷和热水负荷需求分析和运行策略分析，最终实现设备系统的优化配置。运行结果显示，冰蓄冷系统装置年利用率为84.48%，三联供系统年运行时间为5323h，年平均能源综合利用率为75.90%。

4. 雨中水高效回用技术

项目收集酒店优质杂排水用于中水处理回用，收集塔楼立面屋面雨水，经处理后回用于低区办公楼、裙房、地下室的冲厕、绿化浇灌、道路和地下车库冲洗等。项目中水原水收集、处理分为两套，一套设置在66F，负责收集处理66F以上的中水原水；另一套设置在B5，负责收集处理地下室B5~65F的中水原水。项目年可收集雨水量为20642m³，年可用中水量为235402m³。

5. 结构数字化优化与实时监测技术

项目进行了抗侧力体系选取和外伸臂数量、位置、塔楼筏板、SRC巨柱、建筑外形、减震策略及裙房等结构优化，借助风洞试验对大楼外形进行了多轮空气动力学优化，最终确认建筑整体扭转120°，风荷载降低约24%。结构体系采用"巨型框架-核心筒-外伸臂"，实现钢材量节约13000t。

为随时了解建筑结构的运行状态，项目构建了由413个传感器构成的结构健康监测系统，对风速仪、地震仪、GPS、温度、应力-应变、位移、加速度和倾角仪等进行24h实时监测，监控大厦结构健康状态。

双层幕墙

空中大堂

冷冻机房

风洞试验

建筑外形

上海中心大厦俯瞰图

底板一次浇筑

6．绿色施工全过程管理技术

项目引入全过程施工跟踪管理体系，专人负责绿色施工管理并定期评估，形成钻孔灌注桩新型成桩工艺体系、塔楼顺作裙房逆作施工工艺、主楼底板6万m³混凝土一次浇筑成型、主楼核心筒钢平台整体液压爬升施工、主体结构与外围柔性连接滑移支撑体系、BIM+4D全过程数字化建造技术应用等创新性技术。根据统计结果，项目建成施工能耗为0.029tce/m²，水耗为10.25t/m²，混凝土损耗率为0.72%，钢筋损耗率为1.357%。

7．基于BIM云平台运管技术

项目在设计阶段通过BIM平台实现玻璃幕墙120°扭转收分参数化设计、可视化设计、协同化设计和定量化设计；施工过程采用BIM+4D实现了构件预加工、数字化预安装、精细化施工、现场检测监控以及施工成本和工程进度控制；运行阶段在原有BIM基础上整合中央集成管理系统（IBMS）和物业实施管理（FM）形成基于BIM的云平台运管体系。

作为国内超高层建筑开展绿色建筑实践的有效尝试，项目将对国内绿色超高层建筑的建设起到很好的示范作用，对减少有害气体排放和废弃物处置，缓解城市环境压力，改善环境质量具有积极的推动作用。自本项目投入运行以来，绿色运营管理水平不断提升。租户满意度调研结果显示，几乎全部用户表示会续租，租户扩租意愿良好。

专家点评

该项目实践了垂直城市可持续发展理念，集成应用9大超高层建筑绿色技术体系，开发全过程BIM智慧信息管理云平台，实现了兼顾人文的"建筑、区域、城市"协同气候环境目标控制。通过玻璃幕墙的气候自适应设计、多能互补梯级能源利用、雨水中水分级分质回用、建筑结构与环境健康实时动态监测、智慧能源在线调控等技术，为用户营造了舒适健康的环境。项目遵循绿色建筑全寿命周期建设原则，引入并实施全过程绿色建筑咨询管理，实现了"体现人文关怀、强化节资高效、保障智能便捷"的绿色超高层建筑建设目标。

施工突破300m

第十届江苏省园艺博览会博览园主展馆

获奖情况

获奖等级：一等奖

项目所在地：江苏省仪征市

完成单位：东南大学、南京工业大学、东南大学建筑设计研究院有限公司、南京工业大学建筑设计研究院、扬州园博投资发展有限公司、苏州昆仑绿建木结构科技股份有限公司

项目完成人：王建国、葛明、陆伟东、刘伟庆、徐静、陆宏伟、程小武、朱雷、王登云、王玲、赵晋伟、孙小鸾、许轶、曾波、施娟、徐保鹰、许卉、周金将、倪竣、姚昕悦

项目简介

第十届江苏省园艺博览会博览园选址于仪征市枣林湾，主展馆在园区东南，位于博览园入口展示区，是园区内主要的地标建筑和展览建筑。项目用地面积3.27hm²，总建筑面积1.43万m²，地上2层，地下1层，建筑高度23.85m。建筑于2018年投入使用，并将继续作为2021年世界园艺博览会主要展馆使用。

项目基于中国传统文化意境、地域特色和绿色建筑的原理进行建筑创作，综合考虑建筑的全寿命周期使用，通过建筑师主导、各专业协同的整合设计，实现了一座新型现代木结构展览建筑，对园艺博览会展馆这一类建筑做出了可持续设计的示范。项目建成后在行业内部、公众层面及学术领域均产生广泛影响，2019年获得绿色建筑设计二星级标识，2020年获得江苏省城乡建设系统优秀勘察设计一等奖。

第十届江苏省园艺博览会博览园主展馆整体鸟瞰图

袁耀（清）《扬州东园图》

创新技术

1. 重大课题支撑，以"别开林壑"立意传承中华建筑文脉，体现环境绿脉

项目在"十三五"国家重点研发计划"绿色建筑及建筑工业化"重点专项项目"经济发达地区传承中华建筑文脉的绿色建筑体系"的理论指导下，对中华建筑文脉与当代绿色建筑的结合进行了实践探索。

主展馆的设计充分发掘扬州市的地域特色，借鉴《扬州东园图》"别开林壑"的意境，形成了建筑的主要环境构思，生态、环境、建筑高度结合，体现环境绿脉。设计充分利用南高北低的地形进行竖向处理，顺应地形设置了层层叠水庭院。建筑整体围绕水庭布置，内通外合，形成了"园中园"的布局，并通过回游式的造园方法，组织路径，使游人在大开大合的庭院中感受到丰富的园艺特色，并隐喻扬州郊邑园林特点。叠水之上还设计了飞虹拱桥，以加强建筑的亲水特性。

西南侧视景

林壑水庭

叠水之上的飞虹拱桥

叠水之上的飞虹拱桥

2．发扬传统绿色智慧，以"随物赋形"策略实现建筑被动式节能

主展馆设计吸收了扬州园林、建筑南雄北秀兼具的特色，采用院落式组合的方法抽象表现，使建筑的体量总体由东南高点逐渐向西北方向降落，形成了徐徐下降的地平线。高耸的凤凰阁与地平线展开对比，以垂直显其幽深，在连续的水平空间中形成垂直的竖向空间，巧妙地通过拔风效应，可以基本实现展览空间的自然通风，降低能耗。大的建筑体量化解为小的院落组团，利于与自然环境相融合，同时，也解决了内部空间的采光通风问题。南北贯通的水庭将自然引入建筑内部，还留出了绿色风廊，改善了各展厅的微气候。

3．现代木结构创新，以"构筑一体"方式实现绿色建造

将现代木结构与中国传统园林建筑设计理念巧妙融合，采用明晰的架构将出檐深远、铺作宏大的古代木构特征转译于建筑，形成恢弘的空间，实现了"构筑一体"的绿色建造表达。最终，凤凰阁展厅中央的异形刚架跨度为13.6m，高度近26m，落成时是国内单一空间层高最大的木结构；科技展厅跨度为37.8m，屋面主体结构采用了国内首个交叉张旋木梁结构，最大程度地发挥木材抗压性能，大幅降低挠度；两道廊桥为下承式吊杆木拱结构，跨度为29.4m，宽为8.4m，主拱矢高为6.7m，造型优美，帮助减轻两侧展厅结构的侧推力。

设计同时借助模数系统规整不同尺度用材，统筹设备空间，最大程度简化装修，展现结构的自然之美。施工阶段充分发挥现代木结构装配建造的优势，并实现了全过程信息化，建造可控性强，有效提升了施工效率，解决了主展馆设计建造工期紧的问题。

总平面图

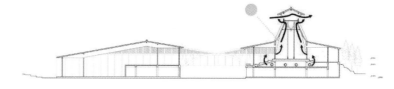

自然拔风分析图

南侧视景

4．采用潜伏设计，综合考虑建筑全寿命周期使用

建筑设计对建筑全寿命周期的功能变化予以充分考虑，在初期就采用"潜伏设计"的理念，从空间、设备等角度切入，为将来的变化提供了灵活度。建筑的形体构成、室内空间的轻质隔断等措施，很好应对了展会期和展会后作为特色园林酒店的两个不同要求。技术先进、安全可靠、实用方便，是对园艺博览会展馆这一类建筑可持续设计的示范。

专家点评

该项目实现了生态、环境、建筑三者的高度结合，充分体现环境绿脉。展馆主要采用院落式组合方法，通过对传统"阁""堂"的变型与组合满足会展空间要求。在连续的水平空间中形成垂直的竖向空间，通过拔风效应实现自然通风，降低能耗。主展馆设计形成小的院落组团，与自然环境相融合，同时解决了内部空间的采光通风问题。南北贯通的水庭，将自然引入建筑内部，留出绿色风廊，改善着各展厅的微气候。主展馆发挥现代木结构装配建造的优势，通过统一模数用材，统筹设备空间，简化装修，展现结构的自然之美。项目充分考虑建筑全寿命周期使用功能的变换，综合考虑了展会期和展会后作为特色园林酒店的两类不同功能需求，是园艺博览会展馆建筑可持续设计的典范。

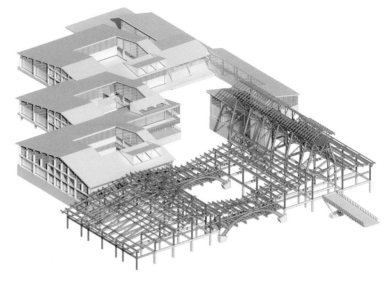

木结构示意图

胶合木梁胶合过程

机器人加工木构件

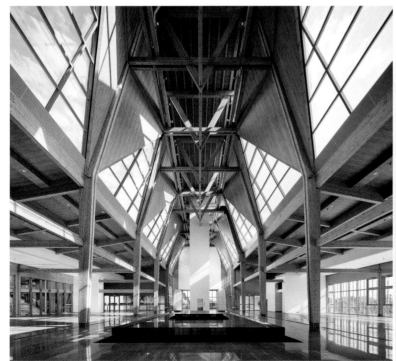

凤凰阁展厅室内、凤凰阁展厅木结构局部

常州建设高等职业技术学校新校区建设项目

获奖情况

获奖等级：一等奖

项目所在地：江苏省常州市

完成单位：江苏城乡建设职业学院、常州市规划设计院、江苏省住房和城乡建设厅科技发展中心、深圳市建筑科学研究院股份有限公司、江苏城建校建筑规划设计院

项目完成人：黄志良、周炜炜、申雁飞、张赟、李雨桐、张浩、赵帆、梁月清、黄爱清、袁春树、白明宇、程震、李湘琳、吴越、段凯、李长青、米文杰

项目简介

常州建设高等职业技术学校，现为江苏城乡建设职业学院，位于江苏省常州市卜弋镇，校园占地46.6hm²，总建筑面积28.94万m²。校园规划以"水墨江南、田园绿岛、建筑学园、持续空间"为理念，尽显江南水乡特色，具有鲜明的地域性。

以建设绿色校园为目标，制定绿色建筑示范校园实施方案，结合完整的绿色校园规划体系，从校园空间综合利用、绿色建筑技术适宜化、绿色施工管理等多个方面全方位推进绿色校园建设，实现了绿建全覆盖，其中三星级绿建面积2.32万m²、二星级绿建面积10.52万m²，高星级绿色建筑占校区总建筑面积44%以上，综合运用绿色建筑技术50余项，同时实现智慧校园全覆盖，具有鲜明的校园建设示范性。

常州建设高等职业技术学校新校区建设项目鸟瞰图

地源热泵系统

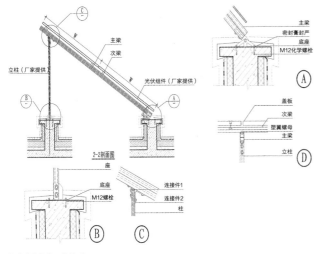

光电板支架式节点

创新技术

1．遵循地域的绿色校园规划

学院新校区总体规划贯彻"水墨江南、田园绿岛、建筑学园、持续空间"的规划理念，通过采用"粉墙黛瓦、形体简洁、细部丰富"的新江南建筑风格，突出地域性、示范性、职业性和时代性，编制绿色交通、生态景观、物理环境、能源利用、能源监管体系建设、水资源利用、垃圾资源利用等7个专项规划，形成了具有江南水乡特色的绿色校园生态规划体系。

2．深入落实的绿色建筑设计

新校区设计遵循"因地制宜、被动优先、主动优化"的设计策略，通过绿色交通体系、空间复合利用、复合型校园绿色能源体系（地源热泵、双热源热泵、太阳能光伏、太阳能热水）、校园生态水处理系统、水资源综合利用、环保室内空间等绿建技术体系，达到节能减排的节约型校园的要求。

实施数据运行监测，学校2017—2019年单位面积用电量分别为23.8kW·h/（m²·a）、26.9kW·h/（m²·a）、30.8kW·h/（m²·a），大幅低于该地区参考类型建筑规定的最低能耗引导值55kW·h/（m²·a）。

通过水资源综合开发利用，实现了中水回收利用、雨水的有效收集、景观湖体的全天然补水等，2017—2019年学校实现人均用水量分别为30.4t/（生·a）、29.9t/（生·a）、27.0t/（生·a），大幅低于学校类建筑节水用水定额的下限指标。校园中水利用率分别为32.4%、30.2%、34.5%。校区水系连通，构建完善的水生态系统，采用水生植物修复、人工湿地建设、鱼类控藻的综合长效生态治理方案，配合水循环推流，使项目水质得到有效保障。

校园水景

校园能耗监测系统

校园夜景

3．全程留痕的绿色施工建造

学院新校区建设过程中严格遵循《绿色施工导则》相关要求，制定并组织实施全过程的环境保护计划，土建与装修一体化设计施工，从环境保护、资源节约、过程管理多个层面，确保建设过程中的绿色属性。

4．价值提升的绿色智慧运营

学院设立绿色校园运营管理委员会，建设基于BIM技术的建筑信息与能耗监控综合管理平台中心，依托完善的智能化系统与信息化手段，以结果为导向，实现了建设成果的可视化、绿色运维的可量化、绿色生态的可感知、结果导向的可评价以及建设经验的可复制。

在校园融资和运营过程中采用EMC（合同能源管理）、BOT等新型合作模式，大幅降低初投资的同时，提高运营效率，降低维护费用。项目用于地源热泵空调、光伏发电系统等绿色校园建设的增量投资约7609.32万元，建设过程中，近60%为通过合同能源管理方式取得的社会融资。

5．广泛传播的绿色校园文化

紧紧围绕建筑产业现代化和绿色发展需求，完善课程与教育资源开发（植入BIM技术应用、绿色施工、绿色运行管理等课程模块），增设木结构、钢结构、建筑物联网技术等专业方向，开展人才培养、培训。建立绿色建筑技术科普平台，经常性开展绿色科普活动。向周边社区居民、游客、中小学生提供绿色实践，开放共享。2015年以来，共接待参观交流400余批，7500余人次，累计培训建筑产业现代化等行业从业人员6000余人次。积极宣传与展示绿色校园建设成果，传播绿色发展理念。

图文信息中心

校园实训楼

校园宿舍楼

校园行政楼

专家点评

该项目占地54万m²，建筑面积28万m²，在大型教育建筑群中实现了二星和三星绿色建筑运行标识的基本全覆盖。校区贯彻"水墨江南、田园绿岛、建筑学园、持续空间"的规划理念，统筹考虑了绿色交通、空间复合利用、可再生能源运用、生态水资源利用等各种技术体系的有机结合。同时，注重绿色全留痕施工建造，具有良好的社会经济效益，对于校园建筑项目的绿色创新具有很好的示范作用。

校园教学楼

中衡设计集团研发中心

获奖情况

获奖等级：一等奖

项目所在地：江苏省苏州市

完成单位：中衡设计集团股份有限公司

项目完成人：冯正功、李铮、张谨、薛学斌、张勇、傅卫东、詹新建、郭丹丹、武鼎鑫、段然、王恒阳、高霖、黄琳、邓继明、殷吉彦、徐宽帝、丘琳、孙艳明、赵文俊

项目简介

中衡设计集团研发中心位于江苏省苏州市工业园区独墅湖畔，总用地面积14138m²，总建筑面积74898m²，地上21层主要为办公，地下3层设有餐饮、健身及零售。项目以绿色三星为目标，建筑师的"空间调节"策略与工程师的"设备调节"策略高度融合。"塔楼在北、裙房在南"的布置方式、办公单元错位布局以及细部构造方法保证了建筑的自然通风和自然采光。地源热泵、太阳能热水、新排风全热回收、雨水回用等绿色技术有效降低能耗及水耗。中衡设计集团研发中心在获得绿色建筑三星级设计标识之后，又成为全国首个获得"绿色建筑+健康建筑"双三星运行标识的项目，并先后获得全国勘察设计建筑工程公建一等奖、鲁班奖、江苏省绿色建筑创新一等奖、健康建筑示范基地、中国建筑学会科普教育基地等多项荣誉。

中衡设计集团研发中心屋顶雪景

北立面夜景

室内绿化庭院

创新技术

1．多层次的园林空间设计

研发中心参考苏州古典私家园林"围合-中心-关联"的空间关系布置室内外绿化景观和屋顶花园，继承中式园林"既整体又联系"的文化特点，创造出多层次的现代园林办公空间。塔楼每3层设置一个大型空中共享花园，并在楼顶镶嵌了空中花园作为建筑的"眉眼"，裙楼大堂、中庭和各办公空间同样遍布绿色。裙房屋顶东侧为屋顶花园，西侧为屋顶农园，有鱼菜共生的桑基鱼塘，有香氛料理的作物艺廊，产出的有机蔬菜直供员工食堂。

2．立体化的自然通风与采光

交错院落式设计有利于自然通风，并将自然光线和绿化景观引入办公空间，中轴转门、下悬窗+玻璃挡板、侧向通风幕墙、中厅高处可开启侧窗既强化自然通风，又提高了舒适度。全玻璃幕墙与多种形式的天窗、侧窗、光导系统结合，裙楼中厅上部利用一组简化版的"宫灯"引导天光，最大限度地实现自然光环境。塔楼采用跨层全玻璃幕墙连接结构，实现全部办公空间都有天然采光。员工食堂和健身房的大面积采光天窗，大幅改善采光效果。南侧的下沉广场，既是有效的交流平台，又为地下空间带来了日照与景观。

中厅采光侧窗

采光天窗

图书馆

3．绿色高效的机电设备

楼内各层设有集中新风系统，采用G4+F7过滤段，可有效降低室内污染物浓度。采用地源热泵、雨水回用、太阳能热水、光伏发电、可调节外遮阳、智能照明系统等多项技术。据统计采用绿色技术，节约了25%的用电量和13%的用水量，在提高舒适性的同时也实现了绿色节能的目标。

4．实时监测的健康平台

中衡设计集团研发中心健康监测平台可实时监测楼内的水质和空气品质，并自动计算空气品质表观指数（AQI）。监测系统与新风系统联动，当办公区域室内AQI超标时，将开启室内新风系统。室内空气质量调研结果表明，满意率达到88.6%。

5．丰富多样的健身场所

楼内设有丰富的健身器材和充足的健身空间，可满足员工多样化的健身需求。地下健身房内跑步机、动感单车、挂片力量设备等各种有氧活动器材齐备，并设有舞蹈室、羽毛球场地和乒乓球台；塔楼顶层的室内游泳池设有3条泳道；裙楼屋顶花园布设环形健身步道及跳操场地。

6．服务便捷的功能空间

裙楼4层东侧中部院落沿庭园布置了员工咖啡厅，为员工提供了工作之余的休憩空间。南部院落布置了员工一站式服务中心，方便员工办理各项事宜。西侧布置的图书馆采用了中式藏书楼的格局。为了方便职场妈妈，还特意设置了"妈妈驿站"，并备有消毒、清洗、保温设备，卫生便利、安静私密。在满意度调查中，物业管理服务总体满意度接近满分。

电动可调节外遮阳

地下健身房采光顶和休憩长椅

中轴旋转门通风

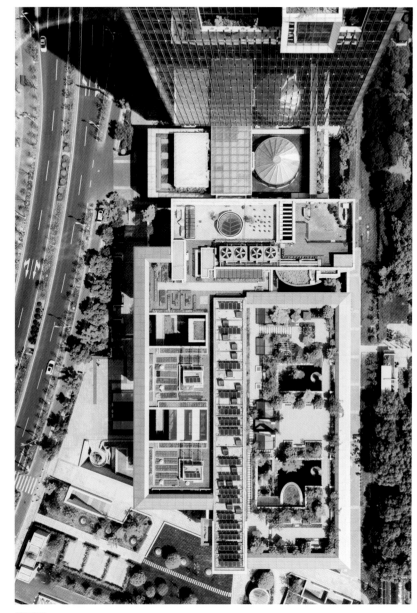

俯视图

专家点评

该项目由中衡设计集团自行开发建设，是中衡人为自己营造的绿色家园，饱含了设计师对于理想办公环境的追求。该项目具有两个突出特点：一是将苏州古典园林特质在现代建筑设计中充分体现，在高层建筑中营造出多层次的现代园林，以及"不出城郭而得山林之致"的人文意趣。二是将建筑师的"空间调节策略"与工程师的"设备调节策略"高度融合，实现了建筑的自然通风和自然采光，诠释了"被动式技术优先、主动式技术辅助"的绿色理念。该项目通过对地域传统文化的传承与创新发展，以及绿色健康设计的卓越表现，创造出既有体系园林精髓又诗意现代的办公环境，体现了知行合一、追求卓越，以设计引领高品质工程的建设理念。

丁家庄二期（含柳塘）地块保障性住房项目（奋斗路以南A28地块）

获奖情况

获奖等级：一等奖

项目所在地：江苏省南京市

完成单位：南京安居保障房建设发展有限公司、南京长江都市建筑设计股份有限公司、中国建筑第二工程局有限公司

项目完成人：汪杰、刘建石、苏宪新、王畅、张奕、吴敦军、卞维锋、李敏、王俊平、吴磊、祝捷、郁锋、何玉龙、孙菁、韦佳、刘婧芬、郑伟荣、谭德君、杨剑、王流金

项目简介

丁家庄二期（含柳塘）地块保障性住房项目（奋斗路以南A28地块）位于南京市迈皋桥丁家庄保障房片区，总用地面积2.27万m²，总建筑面积9.41万m²，由6栋装配式高层公租房与3层商业裙房组成，是全国首批按照新版绿色建筑标准认证的三星级项目。先后荣获鲁班奖、广厦奖、詹天佑住宅小区金奖等奖项。

项目以高品质宜居、高质量建造为目标，以科技创新促进工程质量提升，针对保障房住房特点，构建商住融合、生活便利、交通便捷的共享邻里社区；开展以持续可居性为核心的全寿命周期可变户型设计，满足建筑全寿命周期功能可变需求；在江苏保障性住房中首次大规模采用装配化装修技术和复合夹心保温外墙系统，彻底解决外保温易失火、易脱落难题，全面提升了保障性住房装修品质。本项目建立了具有江苏特色并引领国内专业领域的成套应用技术，解决了保障性住房急需提升建设质量与性能品质的难题。

丁家庄二期（含柳塘）地块保障性住房项目整体鸟瞰实景

跨地块商住融合的混合社区

商住融合的混合社区

楼栋平坡无障碍出入口

创新技术

1．在生活便利方面

项目位于丁家庄一期住区和二期重要的综合配套服务城市空间节点，以混合社区为理念，采用了跨地块内街模式，融合了教育培训、商业、社区服务等多种混合功能，为周边居民提供更多就业岗位，构建商住融合、生活便利、交通便捷的共享邻里社区。

采用人车分流设计，地面无机动车停车。项目人行道设置盲道，且单元入口采用无高差设计。场地铺装100%采用陶瓷透水砖，透水砖防滑值BPN达73。

2．在安全耐久方面

项目开展以持续可居性为核心的全寿命周期可变户型设计，全部户型采用标准化、模块化设计，达到不破坏主体结构即可实现小户型住宅、适老型住宅、创业式办公等多种功能可变，各栋可分类转换、独立管理，形成多元、多样化的功能组合，满足建筑全寿命周期功能可变需求。

采用高性能复合夹心保温围护结构，集承重、围护、装饰、保温、防水、防火于一体，建筑节能率达71%，彻底解决外保温易失火、易脱落难题。立面装饰条纹在工厂生产、一次成型，大幅提高建造效率和质量。同时，采用低位灌浆、高位补浆的剪力墙套筒施工技术，全面提升预制剪力墙套筒连接灌浆质量。

TYPE1 小户型住宅

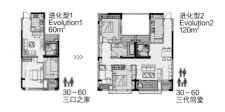

TYPE2 适老型住宅

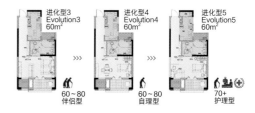

TYPE3 创业办公

基于建筑全寿命周期的可变户型设计

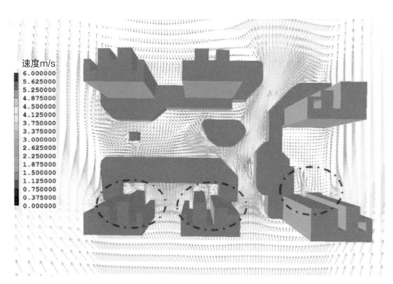

室外风环境优化改善住区风环境

开敞通风良好的商业内街

敞开式自然通风采光外廊提升室内自然通风效果

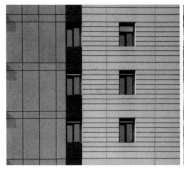

集装饰保温一体化的预制复合夹心保温外墙

3．在健康舒适方面

结合南京市主导风向，通过底层架空，将东南角的底部商业向东调整，打开了场地的通风界面，形成了东南方向的通风通道。

结合架空层及敞开式外廊设计，改善保障性住房室内通风采光；架空地板应用改善居住空间声环境。楼板撞击声隔声量56dB，达到《民用建筑隔声设计规范》GB 50118中的高标准要求，全面提升居住空间声环境质量。

4．在资源节约方面

全面应用装配式建筑集成技术体系，实现了四大系统综合集成设计应用。其中，装配化装修是首次大规模在保障房中应用，卧室和客厅实施了装配式架空地面，所有厨卫采用统一标准的集成厨卫，装配化装修技术系统应用硅酸钙复合板体系。通过高精度铝模技术、提升套筒灌浆连接可靠性的技术创新措施实现精益施工。

项目通过基于BIM的数字化设计及数字化建造，实现了设计施工全过程的BIM应用。项目的施工进度与现场进度在平台上通过模型展示，按周汇总，实施监控工程进度，针对延期进度排查延误原因。利用三维模型的可视化特性，更好地调配各专业的施工作业面与区域，确保作业合理性和运输合理性，从运力、安全等角度提高项目工作效率。

5．在环境宜居方面

作为南京市首批海绵城市试点片区，我们设置透水铺装、植被缓冲带、下凹式绿地、屋顶绿化、雨水调蓄回用池等设施，年径流总量控制率达76%，实现了全透水住区。2019年台风利奇马给南京一带带来了63.2mm的降雨量，本小区所有路面基本无积水。

装配化装修技术应用

集成式厨房

装配式架空地板及构造

装配化装修技术应用

装配式集成卫生间

专家点评

该项目针对保障性住房特点，采用融合教育培训、商业、社区服务等多种功能的整体设计，构建共享邻里社区。项目采用了以持续可居性为核心的全寿命周期可变户型，各栋可分类转换、独立管理，形成多元、多样化的功能组合。在不改变主体结构的前提下，即可实现小户型住宅、适老型住宅、创业式办公等不同功能的转变。项目大规模采用高性能复合夹心保温围护结构，集承重、围护、装饰、保温、防水、防火于一体，建筑节能率达71%。在装配化装修中采用装配式架空地面，达到《民用建筑隔声设计规范》GB 50118—2010中高标准要求。设计、施工全过程采用BIM技术，实现了高效率数字化设计与建造。项目建立了具有江苏特色的绿色保障性住房成套应用技术体系，有效解决了保障性住房亟需提升建设质量与性能品质的难题。

市民生活休闲广场

中德生态园技术展示中心

获奖情况

获奖等级：一等奖

项目所在地：山东省青岛市

完成单位：中国建筑科学研究院有限公司、中德生态园被动房建筑科技有限公司、中国建筑节能协会、荣华建设集团有限公司、青岛市建筑节能与产业化发展中心、建科环能科技有限公司

项目完成人：徐伟、胥小龙、孙峙峰、黄冬、刘磊、黄锦、刘洋、吴景山、于震、于永刚、张晓东、岳永兴、韩飞、聂建卫、刘欢、何海东、付宇、宋斌磊、刘斌、梁艳

项目简介

中德生态园技术展示中心位于山东省青岛市，用地面积4843m²，建筑面积1.38万m²，建筑高度22.15m，地上5层，地下2层，主要功能为办公、科研和展示。该项目应用高性能围护结构、无热桥和气密性专用施工工法，大幅提升围护结构性能指标；最大化利用可再生能源，应用温湿度独立控制多能互补智慧能源系统；采用无动力冷梁、双循环热回收新风机组、清水混凝土和全寿命周期BIM技术等一系列绿色技术，全面实现了"绿色建筑+近零能耗建筑"的双目标。与常规建筑相比，本项目运行费用降低62%，CO_2排放减少72%。该项目于2020年3月获得三星级绿色建筑运行标识，并先后获得首批山东省被动式超低能耗绿色建筑示范项目、山东省公共建筑"节约之星"、奥地利绿色星球建筑奖、中德能效合作项目奖等多个奖项。

中德生态园技术展示中心鸟瞰图

外窗气密性处理

机房照片1

机房照片2

创新技术

1. 应用高性能围护结构体系，采用无热桥、气密性专用施工工法

设计过程中提高外墙、外窗和屋面的热工性能，围护结构关键性能指标提升50%以上，供暖空调负荷较常规建筑降低49%。采用无热桥和气密性专用施工工法，气密性指标实测值优于近零能耗标准规定值的50%。

2. 最大化可再生能源利用，应用温湿度独立控制多能互补智慧能源系统

创新集成双温土壤源热泵+温湿度独立控制、屋顶光伏、太阳能热水、冷凝热回收系统，品质对应，多能互补。冷热源、输配系统、末端高效集成，暖通空调能耗较常规建筑降低68%。

对普通照明、动力、热泵系统、新风、应急照明、消防、光伏和展示部分设置分项计量，对能耗进行逐时监测，逐日、逐月、逐年统计分析优化，将建筑能耗控制在30kW·h/m²左右，较同类建筑降低60%以上，达到近零能耗建筑水平。

3. 基于无动力冷梁和双级热回收新风机组，建立多参数室内环境控制系统

采用无动力冷梁技术改善室内声环境、光环境、热湿环境和室内空气品质，9维度营造高水平的人居健康环境。

对室内热环境进行实时监测与控制，全年室内平均温度保持在20~26℃范围内，平均湿度在47%左右。新风系统根据室内污染物浓度进行实时控制，CO_2日均浓度保持在650ppm左右，较常规建筑降低35%；PM2.5日均值保持在10ug/m³左右，较常规建筑降低54%。通过对室内热湿环境和污染物的控制，营造舒适健康的室内环境。

外保温施工现场

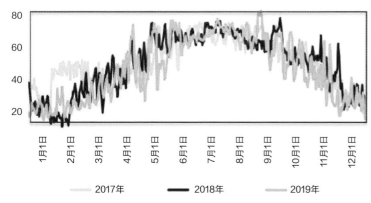

室内相对湿度监测值（%）

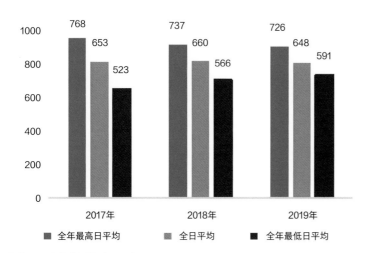

室内CO$_2$浓度监测值（ppm）

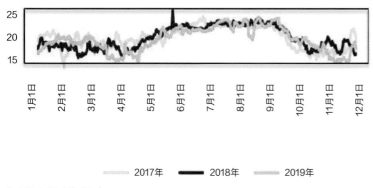

室内温度监测值（℃）

4．应用低成本、可循环纸模板技术，实现无接缝清水混凝土圆柱施工

中庭圆柱采用装饰清水混凝土圆柱纸管模板技术，在提高装饰清水混凝土的观感效果的同时，可以实行小流水段施工，缩短施工工期；无需饰面抹灰，能节省大量的人工、材料、机械使用及水电费用，大大减少了建筑垃圾的排放。

5．覆盖设计、施工、运维全寿命周期，全面实现基于BIM技术的数字孪生

设计阶段应用BIM技术有效减少设计变更，提高设计效率和设计质量。施工阶段通过BIM技术的应用，提高总承包进度计划管理能力，优化施工方案，减少工程变更，节约工期。运行期间，将BIM模型作为能源管控系统的展示平台，在日常运营中实现对本项目运行状况的监测和管理。

项目运行期间，对绿色建筑10个关键维度，长期开展用户满意度跟踪调查，用户整体满意度达到92.5%。

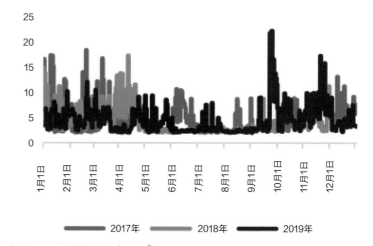

室内PM2.5浓度监测值（ug/m^3）

混凝土圆柱观感效果

建筑外立面效果

专家点评

该项目综合应用高性能围护结构、无热桥和气密性专用施工工法等技术，大幅提升了建筑围护结构性能。创新采用温湿度独立控制多能互补智慧能源系统，整合无动力冷梁、双循环热回收新风机组，提升了建筑运维能效，大幅降低了建筑运维费用，显著降低了建筑CO_2排放水平。通过对室内环境的实时监控，将全年室内平均温度和室内空气品质保持在舒适范围内，显著提升了建筑环境品质，回应了节能减排与健康人居双目标需求。

全寿命周期BIM技术应用

广州白云国际机场扩建工程二号航站楼及配套设施

获奖情况

获奖等级：一等奖

项目所在地：广东省广州市

完成单位：广东省机场管理集团有限公司工程建设指挥部、广东省建筑设计研究院有限公司、广州白云国际机场股份有限公司、华南理工大学、中国建筑科学研究院有限公司上海分公司

项目完成人：冯兴学、陈雄、于洪才、孟庆林、李雪晖、陈星、刘先南、焦振理、潘勇、张建诚、麦云峰、周昶、黄明生、彭卫、王世晓、张琼、郭其轶、钟世权、赖文辉、钟伟华

项目简介

广州白云国际机场扩建工程二号航站楼及配套设施为大型枢纽机场公共交通建筑，建设内容包括主楼、东五指廊、东六指廊、西五指廊、西六指廊、北指廊及交通中心及停车楼等，总建筑面积约为84.23万m²，建筑高度约44.7m，主楼建筑层数为4层，其中地上4层，地下1层。

广州白云机场二号航站楼，是国内目前规模最大的、取得运行标识的绿色航站楼，并且全部是由中国人自主方案创作、设计、建造而成。本项目于2015年和2020年分别通过国家绿色建筑设计标识和运行标识认证，是我国南方湿热气候区首个获得三星级绿色建筑运行标识证书的绿色机场，并先后获得全国行业优秀勘察设计奖优秀绿色建筑一等奖、广东省优秀工程勘察设计奖绿色建筑工程设计一等奖、第十三届第二批中国钢结构金奖、广东省土木工程詹天佑故乡杯、SKYTRAX "全球五星航站楼"、SKYTRAX "全球最杰出进步机场" 及 "中国最佳机场员工" 奖等，对湿热气候区大型交通枢纽类建筑的绿色建筑设计及技术应用有较强的示范作用。

二号航站楼及配套设施半鸟瞰实景照片

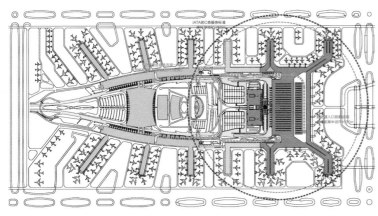

航站楼步行距离及旅客捷运系统预留分析图

1. 办票大厅
2. 旋转天花叶片
3. 采光天窗
4. 直立锁边金属屋面
5. 带肋钢网架
6. 办票岛
7. 钢管柱

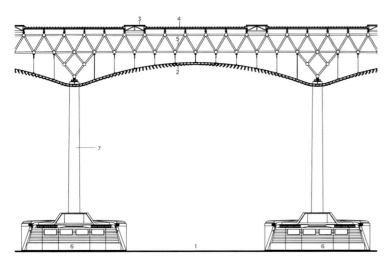

办票大厅"长大带形天窗+渐变旋转式吊顶"剖面图

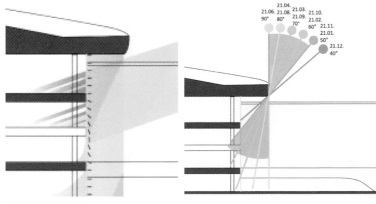

外遮阳效果分析图

创新技术

1. 率先采用了"前列式+指廊式"航站楼构型设计

大幅提高了航班靠桥率,显著降低了机场摆渡能源消耗,最远端指廊步行距离仅为690m,比国际航空运输协会标准的要求缩短60m,提高了旅客使用满意度。

2. 首次采用"长大带形天窗+渐变旋转式吊顶"采光设计

解决长、大、高空间采光和防眩光问题。具体设计为在办票大厅和安检大厅(进深较大)上空屋面分别设置22个3m×126m和3m×45m的带形采光天窗,采光系数平均值分别达到3.92%和2.56%,保证大进深高空间采光均匀性。

3. 首次采用"大屋檐+可调百叶综合遮阳"和"大屋檐+张拉膜综合遮阳"

实现了可调节外遮阳系统夏季外遮阳系数为0.29,冬季外遮阳系数大于0.54,保证了西向空间的热舒适度并节能14%。

4. 首次在航站楼上采用了被动防热节能围护构造技术

幕墙门窗采用绝热型材配置高透绝热玻璃+活动机翼型百叶遮阳系统;非透明屋面采用高发射率的反射隔热涂料,太阳辐射吸收系数小于0.4。围护结构整体热工性能提高25.71%。

办票大厅"长大带形天窗+渐变旋转式吊顶"实景照片

"大屋檐+可调百叶综合遮阳"实景照片

分布式光伏发电系统实景照片

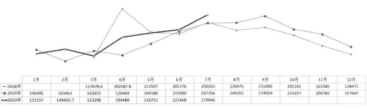

	1月	2月	3月	4月	5月	6月	7月	8月	9月	10月	11月	12月
2018年			117678.6	302587.8	213597	205776	220475	233405	201161	161585		128471
2019年	146495	103463	142015	126460	169180	215990	247956	249355	274059	224257	204782	157607
2020年	131157	149403.7	123298	194489	210752	223468	279946					

2018年向T2航站楼供电约203.3万度;
2019年供电约226.1万度;
2020年1~7月供电约123万度。
相当于每年节约标准煤973.5t, CO_2减排量2231.39t,
SO_2减排量7.24t,氮氧化物减排量6.3t。

航站楼分布式光伏发电系统历年发电量统计

5．率先在机场航站楼的屋面上设置分布式光伏发电系统

光伏系统安装于标高为31.2m的安检大厅顶部屋面,装机总容量2.2MW,包含8090块多晶硅光伏板,其转化率能达到16.51%,系统总效率80%。项目2019年度系统实测发电量226.1万度。

6．率先在航站楼内营造岭南地域人文特色设计

在安检大厅、联检大厅等空间营造岭南特色花园,让旅客在现代化的航站楼内可以感受到传统岭南园林的魅力,使人与岭南自然环境交互融合,体现岭南特色。

7．率先针对大型航站楼结构体系采用全过程健康监测系统

系统得到了施工过程及后续试用阶段关键杆件内力、位移、加速度等重要数据,进而绘制出监测内容数值变化曲线,并根据受力特性,分析被测部位数据和受力曲线,对建筑结构状态进行在线监测评估。

8．提出并采用了"能源、环境及碳排放"三位一体的管理模式

能源管理技术与国际接轨,本年度获得了"2020年全球能源管理领导奖——洞察力奖",成为本年度全球唯一获此殊荣的民航机场。

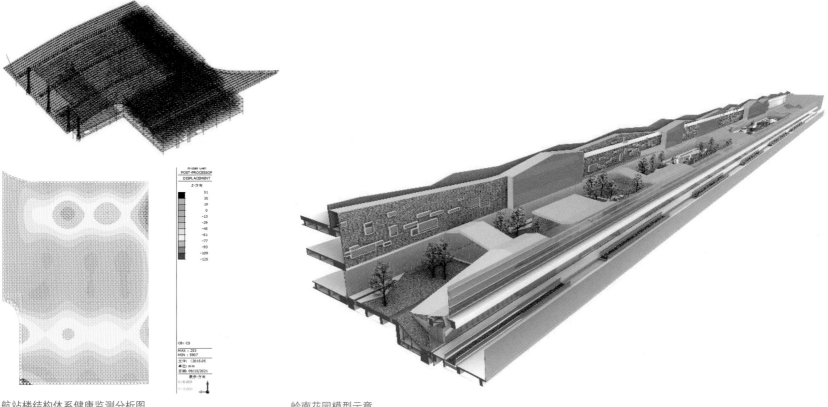

航站楼结构体系健康监测分析图   岭南花园模型示意

专家点评

该项目采用"前列式+指廊式"航站楼构型设计，大幅提高航班靠桥率，方便旅客通行并降低摆渡能耗。"长大带形天窗+渐变旋转式吊顶"设计，解决长、大、高空间采光不均匀问题，并有效防止眩光。"大屋檐+可调百叶综合遮阳""大屋檐+张拉膜综合遮阳"及"被动防热节能围护构造技术"，有效解决湿热地区的遮阳及内部空间舒适度问题。屋面光伏发电系统节能减排效果突出，岭南特色花园体现人与自然环境的融合。大型航站楼结构体系全过程健康监测系统，实现对建筑结构状态进行在线监测评估。"能源、环境及碳排放"三位一体的管理模式与国际接轨。项目整体绿色性能水平较高，对湿热气候区大型交通枢纽类建筑的绿色建筑设计具有重要示范作用。

岭南花园实景照片

国内集中商业区屋面天窗自然采光通风实景照片

国际集中商业区屋面天窗自然采光通风实景照片

中建科工大厦

获奖情况

获奖等级：一等奖

项目所在地：广东省深圳市

完成单位：中建科工集团有限公司、深圳市建筑科学研究院股份有限公司、中国建筑东北设计研究院有限公司

项目完成人：王宏、杨正军、于力海、张帆、高长跃、严明、张大鹏、韩叙、尹贵珍、林盛正、袁吉、陈益明、刘鹏、肖雅静、陈诚、任炳文、梁均铭、王超、董明东、孟玮

项目简介

中建科工大厦项目位于规划建设中的深圳市南山区后海中心区，中心路以西，后海滨路以东。项目地理位置优越，北面为深圳湾体育中心及保利剧院，东临深圳湾，面朝大海，周边交通方便，临近地铁蛇口线登良站，紧靠公交站——后海滨路口站。是集地下停车、底层商业、高层办公于一体的超高层建筑。项目总用地面积为2892.5m²，建筑总面积为5.56万m²，地上建筑面积为4.46万m²，采用全钢结构框架-中心支撑结构体系。

中建科工大厦全景图

裙房屋顶绿化

垂直绿化

创新技术

1. 营造良好生态环境

借助屋顶种植、垂直绿化等营造场地自然生态环境。

2. 合理开发利用地下空间

充分开发利用地下空间作为机动车库、设备用房、储物间等，地下建筑面积11392.3m²，建筑基底面积2725.75m²，地下建筑面积是建筑基底面积的4.17倍，充分体现了集约用地的特点。

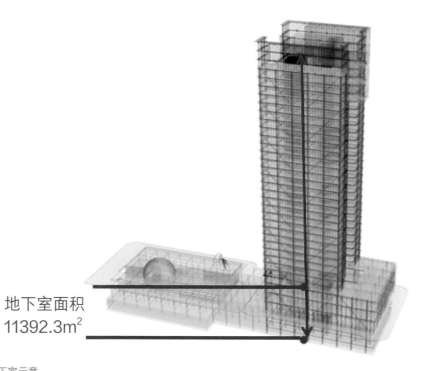

地下室面积
11392.3m²

地下室示意

5．高效节约和利用水资源

本项目采用市政中水及回收屋面雨水，市政中水用于车库及地面冲洗、入户冲厕等，回收雨水用于屋面绿化浇洒。非传统水源年利用率为53.99%。

6．创新性提高室内环境质量

空调机组设置CO_2控制系统，对人员密集区域进行空气调节，保障室内空气质量。地下车库排风、送风系统按照车库的CO浓度进行自动运行控制。

7．BA楼宇控制系统

利用楼宇自控系统，实现建筑能耗的分项计量和实时监控，为节能运营管理提供数据支持。

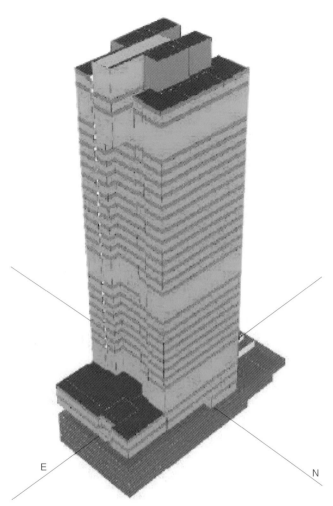

屋顶采用40mm挤塑聚苯板，部分屋顶采用种植屋面。
外墙柱梁采用建筑钢加空气层、水泥膨胀蛭石或岩棉板，外墙平均传热系数为0.948W/（m^2·k）。
外窗采用传热系数3.0W/（m^2·k），遮阳系数SC=0.244~0.292的中空Low-E玻璃。
综合节能外围护模型

3．综合围护和空调、照明节能系统

综合节能的外围护结构措施和高效的空调系统、照明系统等，将建筑设计为节能型建筑，建筑总能耗降低27.94%。

4．充分利用可再生能源

利用太阳能光伏系统为建筑提供可再生能源，太阳能光伏发电量占建筑总用电量的1.51%。

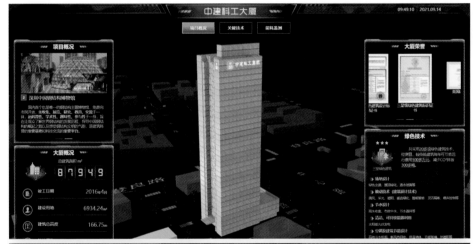

BA楼宇控制系统

8. 应用建筑信息模型（BIM）技术

中建钢构大厦为深圳市首座全钢结构绿色建筑，且是国内为数不多的超高层钢结构。中建钢构大厦采用了全钢结构、全螺栓连接、全热轧构件设计，并采用具有自主知识产权的BIM系统，实现全寿命周期的数字化建造。

专家点评

该项目作为深圳市首座全钢结构绿色建筑，是国内为数不多的超高层钢结构建筑。项目通过采用高效能设备和系统，并在屋面加设太阳能光电系统，实现了较好的运行节能效果，具有一定的经济社会效益。该项目的设计施工充分发挥了全钢结构的优势，通过创新采用全钢结构、全螺栓连接加全热压构件使得项目建设过程的效率更高、质量更加可控、环境污染更小。通过应用BIM系统，实现全寿命周期的数字化建造，对于未来我国积极稳妥地推广钢结构装配式绿色建筑具有重要的示范应用价值。

全钢结构绿色建筑

BIM系统

卓越后海金融中心

获奖情况

获奖等级：一等奖

项目所在地：广东省深圳市

完成单位：深圳市卓越康合投资发展有限公司、深圳万都时代绿色建筑技术有限公司

项目完成人：孙延、李美乐、林博衍、韩婷婷、李善玉、周友、苏志刚、张占莲、宿子敬、丁嘉城、陈威、伍雨佳、郑紫彤、严贞桢、张立科、廖燕、罗娟、潘芳

项目简介

卓越后海金融中心项目位于广东省深圳市南山区后海片区，用地面积4890.37m²，建筑面积12.39万m²，地上43层，地下4层，建筑高度184.20m，为商业和办公建筑。

该项目建筑结构与设备管线分离，采用装配式铝穿孔板吊顶吸收室内噪声。采用CO_2、CO监测与风机联动措施、高效空调系统等，年节约电费523.96万元。接入市政中水，回收空调冷凝水；采用滴灌并配雨天关闭装置。设置完善的物业制度，落实资源管理，定期进行行为节约及绿色建筑设施使用培训，推广绿色办公、绿色出行新方式。

项目获得三星级绿色建筑运行标识及美国LEED-CS金级认证，并获评2019年度广东省物业管理示范项目、2020年度深圳市绿色建筑示范项目、2020年度深圳市绿色建筑创新奖等多个奖项。

卓越后海金融中心实景及效果图

适变空间

网络架空地板

CO_2监测与风机联动系统

创新技术

1．灵活空间

采用开放空间的形式，合理选取活荷载；采取轻钢龙骨隔断、预制混凝土隔墙等多种灵活隔断材料，使得平面空间可变；采用架空地坪，电力管线等铺设仕架空空间，实现建筑结构与设备管线的分离，进一步提高可变空间的灵活性与建筑管线的使用寿命。

2．噪声控制

采用中空玻璃隔绝室外交通噪声、消音室阻断冷却塔运行噪声、装配式铝质穿孔板吊顶吸收噪声，经过合理的声环境专项设计，室内背景噪声控制在38dB以内，在办公建筑中优势显著。

3．空气质量把控

实施以物联网技术为基础的CO_2、CO监测与风机联动措施，保障空气清新度，节约送排风机电能；采用低逸散装饰装修材料、新风中效过滤段，室内污染物控制满足《室内空气质量标准》GB/T 18883限值50%以下，有效提升室内空气品质，保障人员健康。

4．能耗控制

优化设计建筑立面竖肋外遮阳，采用双银Low-E中空玻璃、高效冷水机组、热回收效率70%的空气处理机组，使得项目全年非供暖能耗指标控制在74.04kW·h/（m²·a）（来源于深圳市公共建筑能耗监测平台），较《民用建筑能耗标准》GB/T 51161规定的约束值要求降低7.45%，较深圳市平均水平降低约19.35%。配置13500冷吨冰蓄冷设备；在BA系统自控及定期运行策略优化保障下，年节约电费523.96万元，为城市市政电网的移峰填谷贡献巨大社会力量，有效削减用电高峰期负荷，降低市政电网的无功损失。推进节约用水的行为引导，采用一级节水器具、滴灌与雨天关闭系统、闭式冷却塔节约用水，通过接入市政中水、回收整栋楼的空调冷凝水用于冷却塔补水、绿化浇灌等，综合节水率达到27.16%。

5．能效平台管理

持续对空调冷热源、输配系统及末端、配电系统、动力系统、给水系统等进行联合调试，利用BA系统及深圳市公共建筑能耗平台不断对大楼系统能效进行提升。项目物业公司设置完善的节能节水环境保护及绿化制度，切实落实资源管理机制，并定期进行行为节能培训及绿色建筑实施的使用培训，引导公众对绿色建筑的认知，推广绿色生活、绿色办公及绿色出行的新方式。

CO监测与风机联动系统

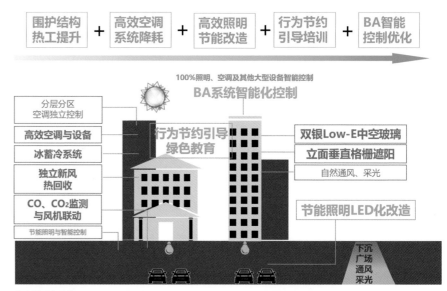

围护结构 + 高效空调 + 高效照明 + 行为节约 + BA智能
热工提升　系统降耗　节能改造　引导培训　控制优化

100%照明、空调及其他大型设备智能控制
BA系统智能化控制

分层分区
空调独立控制

高效空调与设备

行为节约引导
绿色教育

双银Low-E中空玻璃

冰蓄冷系统

立面垂直格栅遮阳

独立新风
热回收

自然通风、采光

CO、CO₂监测
与风机联动

节能照明LED化改造

节能照明与智能控制

下沉
广场
通风
采光

能耗控制系统

双银Low-E中空玻璃及立面垂直格栅外遮阳

一级能效双工况冷水机组

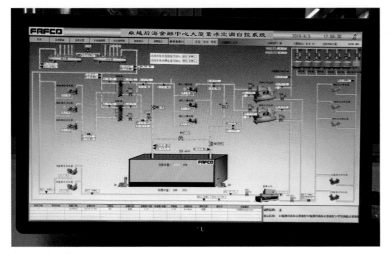

空调自控系统

BA控制系统

城市架空走廊与自然通风

9层公共开放运动休闲区

建筑大厅

6．舒适空间

借鉴中国香港、新加坡等城市设计经验，首层设置退线式骑楼及架空通道、以遮阳避雨；设置架空区域，场地南北通透，形成城市风走廊，以降低城市热岛效应；设置公共开放运动休闲区，进一步满足人们活动所需。

7．低碳出行

地铁站便捷衔接直通多条地铁及公交线路；设置自行车站、充电车位，减少交通碳排放，引导绿色出行。

8．海绵植入

改造透水铺装绿道、下沉绿地，减少面源污染，有效降低雨水径流，降低城市热岛效应。

专家点评

该项目采用开放式空间设计，通过架空地坪实现了建筑结构与设备管线的分离，提高了项目室内可变空间的灵活性与建筑管线的使用寿命。项目采取了十余项被动式设计技术，并通过高效空调系统、行为节能引导等方式提升建筑全寿命周期的节资减排、降碳固碳水平。项目还采用了装配式铝穿孔板吊顶吸收室内噪声、CO_2和CO监测与风机联动、空调冷凝水回收、智能节水灌溉等多项技术手段，综合提升资源节约水平，有效改善室内环境质量。此外，项目建筑设计充分继承并融合岭南建筑骑楼的特色，既降低了城市热岛效应，为行人提供了遮风挡雨的通行空间，同时又加强了本土文化及人文建设。

地铁站、自行车站

2019年中国北京世界园艺博览会国际馆

获奖情况

获奖等级：二等奖

项目所在地：北京市

完成单位：北京世界园艺博览会事务协调局、北京市建筑设计研究院有限公司、中国建筑科学研究院有限公司

项目完成人：叶大华、胡越、游亚鹏、曾宇、王铄、马立俊、蒋璋、王兰涛、耿多、黄欣、江洋、吕亦佳、陈佳、杨彩青、朱超、鲁冬阳、刘沛、王熠宁、裴雷、韩京京

项目简介

2019年中国北京世界园艺博览会国际馆位于北京世界园艺博览会世界园艺轴中部，用地面积3.6万m²，总建筑面积2.2万m²，地上2层（局部夹层），地下1层，建筑高度为23.65m。国际馆在世界园艺博览会期间承担世界各国家、国际组织的高新技术展示和国际竞赛等。国际馆的设计充分尊重基地优美的生态环境，以对环境最小干扰度，低姿态地与周围山水格局相融合。以"花伞"为结构单元构件组成平缓、不夸张的建筑造型——"花海"，建筑立面四个方向匀质，营造出相对模糊的建筑边界，既融于大环境，又尊重周围小环境。该项目于2019年9月依据《绿色建筑评价标准》GB/T 50378获得绿色建筑三星级标识，并获得第十三届中国钢结构金奖。

2019年中国北京世界园艺博览会国际馆鸟瞰图

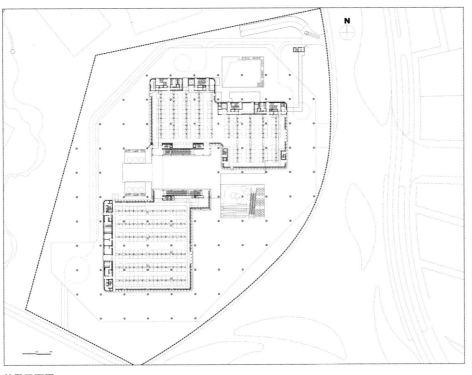

首层平面图

创新技术

1. 可持续性设计理念

会后利用优劣是评价展览建筑是否具有可持续性的关键一点。国际馆的设计初衷就是以会后灵活使用为出发点的。在平面布局上以此出发点设计了地上两个独立的展厅体量，每个体量均可以独立使用，即南北各自独立成两个大展厅使用。同时，北侧展厅可以再次细分4个展厅，每个展厅亦可独立使用。16.8m×16.8m的柱跨创造出高度灵活的空间，回应了变化和发展的需求，能尽可能多地为各种类型的展览提供可能性。

2. 花伞——集结构与绿色技术于一体

整片"花海"共有94朵"花伞"，通过柱、主梁、次级结构连接成整体。花海的整体结构为钢结构，每支花伞为一个单元式结构，由形似花瓣的钢框架组合而成，集雨水收集、光伏、采光、遮阳等众多绿色技术于一体。

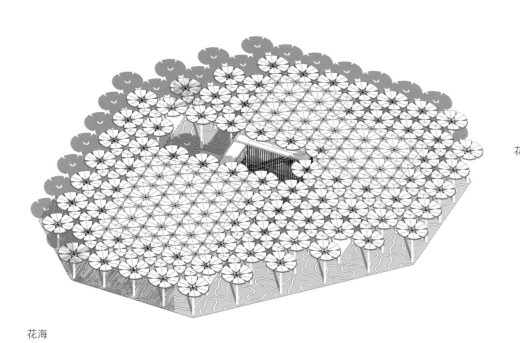

花海

花伞结构分析图

花伞雨水收集分析图

花伞天窗采光分析图

花伞遮阳分析图

花伞光伏发电分析图

室内光环境

室内热湿环境

3. 高品质的室内外环境

（1）室内环境

室内光环境：立面透明面积充分，花心部分为透光自然采光窗，展厅自然采光系数达标面积比可达81.3%。本项目的主要功能房间进行眩光分析计算，窗的亮度均未超过2000cd/m²，窗的不舒适眩光指数均小于20。

室内热湿环境：场馆主要空间均采用全空气、分层空调系统，侧送侧回，顶部排风，通过室内环境模拟，合理布置送回风及排风口位置，末端风口为球形喷口+线型风口，有效控制了室内气流组织及温度，加湿方式为湿膜及高压喷雾加湿，创造出良好的室内热湿环境。

（2）室外环境

考虑到大会会期是北京4—10月的气候状况，花伞状顶棚像个巨大的城市遮阳伞，为人们提供一个舒适的驻足停留、休憩区域。室外遮阴良好，环境宜人，践行了"绿荫下的世园会"的规划理念，场地内风环境良好，有利于室外行走、活动，创造出舒适的室外公共空间。

距地1.5m高度平面上的PMV分布图

断面温度场——顶部加自然通风

舒适的室外环境

4．资源节约

提高热工性能，促进自然通风、遮阳、高效冷热源和节能灯具，建筑整体能耗降低达20.04%。设置能源管理系统，对用能情况进行监测、管理。

采用浅层低温+水蓄能复合系统供冷、供热，可再生能源比例为41.89%。

全部达到一级用水效率，室外绿化采用微喷灌，设有小型气象站实现雨天自动关闭。

5．智慧运营

智慧楼宇控制系统：本工程建筑设备监控系统（BAS），通过多层次控制网络，达到自管要求。

智慧运营-能源管理平台：本工程能源管理系统主机设于消防兼安防总控制室。通过末端设置网络数字仪表，分别对展厅、餐厅、物业办公及配套的电、水、燃气、供热、供冷进行计量，并对以上能耗数据进行分析、管理。

建筑接入园区智慧系统：智慧园区系统为园区的游客、管理、内外交通、安保、会展、服务等不同对象和谐运转提供智能支撑。

专家点评

该项目充分尊重基地生态环境，通过相对模糊的建筑边界与周围山水格局充分融合。钢结构的花伞顶棚聚集成花海，形成城市遮阳，营造舒适的室外公共空间，并融合了雨水收集、光伏、采光等众多绿色功能。此外，项目通过立面及花心的透光设计，实现高品质的室内光环境。通过全空气、分层空调系统，控制室内气流组织及温湿度，创造出良好的室内热湿环境。通过提高热工性能、促进自然通风、遮阳，采用高效冷热源和节能灯具，以及能源监测管理等措施降低建筑整体能耗。采用浅层低温+水蓄能复合系统供冷、供热，有效提升可再生能源利用率。项目用水器具全部达到一级用水效率等级，室外绿化微喷灌采用自动控制，充分节约用水。通过智慧楼宇控制系统、能源管理平台，将场馆接入园区智慧系统，实现智慧运营。

石家庄国际展览中心

获奖情况

获奖等级：二等奖

项目所在地：河北省石家庄市

完成单位：清华大学建筑设计研究院有限公司、中建浩运有限公司、中建八局第二建设有限公司、清华大学建筑学院、浙江江南工程管理股份有限公司

项目完成人：庄惟敏、曹星华、张维、高善友、刘建华、张葵、张红、霸虎、李青翔、葛鑫、王威、续宗广、刘加根、余娟、王磊、韩佳宝、吕洋洋、张海旭、蒋军、王晓亮

项目简介

石家庄国际展览中心位于石家庄市正定新区，总用地面积64.4hm²，总建筑面积35.9万m²，其中地上22.9万m²。项目由中央枢纽区串联会议和展览各个部分，呈鱼骨式展开。多标高步行系统实现人、车、货分流。展览部分包含7个面积1.1万m²的标准展厅和一个面积2.6万m²的大型多功能展厅。总体展览建筑面积达11万m²，可容纳3800余个标准展位，最多45000余人同时参展，是目前建成的世界最大悬索结构展厅。该项目取得了三星级绿色建筑设计标识，获得教育部2019年度优秀工程勘察设计公共建筑一等奖、建筑电气一等奖、建筑结构一等奖，中国钢结构金奖工程，中国建筑学会建筑设计奖——建筑创作大奖等奖项。

石家庄国际展览中心鸟瞰图

双向悬索结构

创新技术

1. 创新的抗震设计提高建筑的抗震性能

项目采用纵向索通过受压竖杆支撑横向索的双向悬索结构，实现单个标准展厅结构横向108m、纵向105m的跨度，是该类结构形式在国内的首次应用。通过设置主悬索杆上部固定杆和屋檐桁架提高结构抗连续倒塌能力。通过结构模型试验测算、施工模拟和现场关键节点施工演练实现从设计到施工的抗震性能保障和提升。

2. 充分利用天然采光，创造室内高品质光环境

外立面采用大面积玻璃幕墙，并设置天窗、高侧窗，保证良好的室内采光效果，室内75.57%的展厅空间在不开启照明情况下，室内光线都很充足，可保证布展和撤展期间无需进行人工照明，减少照明能耗。

外立面

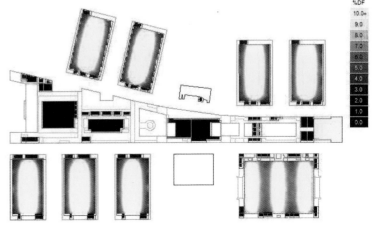

首层采光模拟图

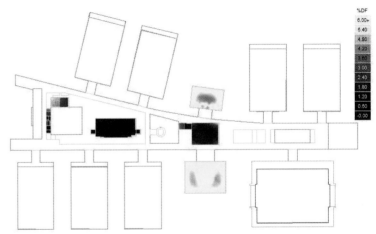

2层采光模拟图

室内天然采光实景图

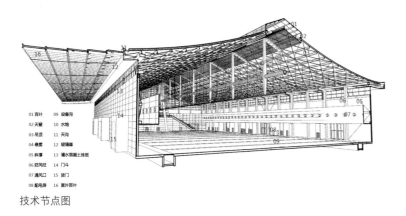

01 百叶　09 设备沟
02 天窗　10 水炮
03 吊顶　11 天沟
04 叠窗　12 玻璃幕
05 斜撑　13 灌水混凝土挂板
06 防风柱　14 门斗
07 通风口　15 窗门
08 配电房　16 室外百叶

技术节点图

3. 多种形式遮阳设计

建筑外部挑檐有效遮挡了夏季太阳照射，同时在展厅天窗、外窗采用遮阳卷帘和活动遮阳百叶，避免了室内参观时西晒的不舒适性。经过实地检测，即使在室外为41℃的高温情况下，室内在不开空调的情况，室温也能维持在30℃。此外在B区中央大厅、检票大厅、会议中心等大空间区域，设置了低温热水辐射供暖系统，热流从脚下灌注全身，温暖舒适。

4. 自然通风设计，改善室内空气质量

展厅人员聚集多，如果没有足量外窗开启供应新鲜空气，会明显导致空气不新鲜，影响参展人员健康及舒适度，因此，项目在外窗各朝向设置了5%的开启率，保证了在不开启空调的春季、秋季，88.86%以上的展厅空间能正常呼吸新鲜空气，不仅节省了空调耗电，还提升了参展舒适体验感。

天窗及遮阳构件说明图及现场图景

南登陆厅正立面

南登录厅遮阳百叶

展厅通廊遮阳百叶

展厅遮阳百叶

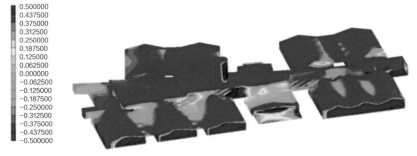

建筑外表面压力分布图（过渡季）

5．高效的太阳能热水系统和地源热泵系统

B区（枢纽区）公共淋浴间、厨房热水50%热水由太阳能热水系统供应，建筑室内供冷供热100%由地源热泵系统供应，其中地源热泵机组比普通机组节省电耗37.5%。实际运行过程中，项目每年每平方米用电39.4度，比同地区同类建筑降低了51%的用电，实现了高品质、低能耗的绿色运行。

专家点评

该项目形态轻盈、优美，建筑功能合理，交通流线畅通，富有博览建筑的时代感。项目在国内首次应用纵向索通过受压竖杆支撑横向索的双向悬索结构，实现了展厅结构的大跨空间。通过主悬索杆上部固定杆和屋檐桁架提高结构抗连续倒塌能力，提升了建筑的抗震性能。外立面采用玻璃幕墙，保证良好的室内采光效果，减少了照明能耗。建筑挑檐、遮阳卷帘和活动百叶有效减轻了夏季太阳西晒影响，改善了建筑室内热舒适性。外窗设置了5%的开启率，过渡季自然通风，节省了空调耗电，并提升参展人员舒适体验。建筑冷热源采用地源热泵系统，能耗降低51%，实现了高品质、低能耗的绿色运行。项目在安全耐久、健康舒适、资源节约、环境舒适等方面充分体现了绿色建筑的经济、社会和环境效益。

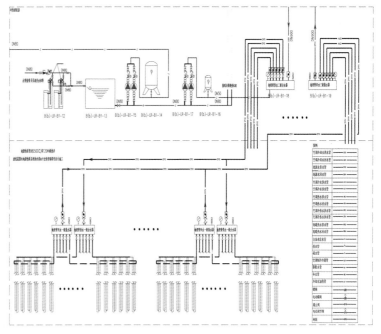

地源热泵系统图

地源热泵主机房

高碑店市列车新城住宅小区一期项目

获奖情况

获奖等级：二等奖

项目所在地：河北省高碑店市

完成单位：中国建筑科学研究院有限公司、高碑店市中誉房地产开发有限公司、河北奥润顺达窗业有限公司、建科环能（北京）科技有限公司

项目完成人：于震、高彩凤、吴剑林、王长明、汪寅、潘玉亮、彭莉、马文生、陈梦源、邓滨涛、郭强、赵宝、徐荣晋、叶冬青、崔志强、谭婧玮、田甄、刘伟、田振、范振发

项目简介

高碑店市列车新城住宅小区一期项目位于河北省高碑店市，规划用地面积13.46万m²，地上建筑面积33.64万m²，地下建筑面积15.53万m²。建设场地用途及性质为住宅，建筑类别包括低层、多层、高层住宅及配套公建。

本项目为全球范围内体量最大的超低能耗三星级绿色建筑园区。园区内住宅项目供暖设计能耗仅为普通建筑能耗的11.8%，幼儿园设计能耗仅为常规建筑能耗的40%。项目于2019年入选"十三五"国家重点科技研发计划"近零能耗建筑技术指标体系与技术开发"项目示范工程，并先后获得了中建联"被动式超低能耗绿色建筑"标识、Active House国际联盟设计竞赛优胜奖、三星级绿色建筑设计标识证书、德国被动房研究所"被动房"节能建筑认证等多个奖项。

高碑店市列车新城住宅小区一期项目住宅鸟瞰图

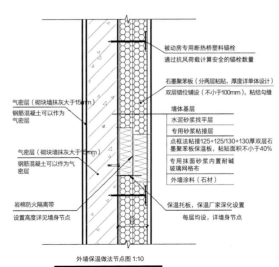

外窗安装施工节点图

外墙保温安装施工节点图

外墙保温做法节点图 1:10

管道穿墙施工工序

屋面、女儿墙及同期管道做法

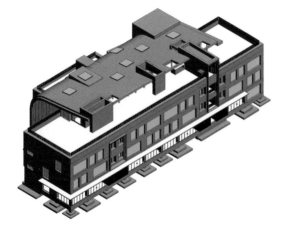

幼儿园建筑BIM模型

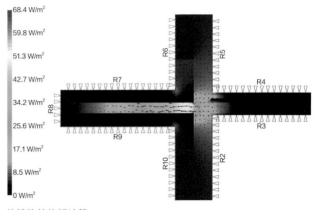

外挑构件热桥计算

创新技术

1．适用于寒冷气候区的超低能耗绿色建筑施工成套技术

项目团队开发了针对该项目及其所在寒冷B区的屋面保温防水、女儿墙保温防水、管道穿墙保温及气密性、地上外墙保温、地下外墙保温及防水、供暖与非供暖空间楼板保温及无热桥处理、管线穿墙、管线穿屋面气密性及无热桥处理等成套超低能耗做法及施工技术，实现外保温、外窗安装的安全牢固性，屋面保温、防水工程及雨水排水系统的耐久性，地下外墙防水系统的安全耐久性。

本项目对所有外挑构件、屋顶设备基础、女儿墙、地下室等可能产生热桥的部位，全部进行了热桥模拟计算，通过无热桥技术处理措施，避免了热桥部位的热量流失对室内局部舒适度及整体能耗的影响，同时避免了结露风险。

2．基于动态规划（dynamic programming）的超低能耗绿色建筑性能化优化设计工具开发及应用

性能化设计方法允许对于影响能耗结果的关键参数如：外墙、屋顶、外窗K值、外窗SHGC值、底板K值、新风热回收效率、设备效率等进行权衡设计。该项目咨询团队特开发了性能化优化设计工具，实现了大量达标方案快速寻优，为项目选取了经济性最优的技术方案。

3．BIM技术应用

在列车新城配套幼儿园设计过程中，采用了BIM技术，除了优化管线综合排布、避免碰撞造成的返工之外，前期参数化的设计对于施工过程的指导也提高了施工效率，缩短了施工工期，保证了施工完成质量。

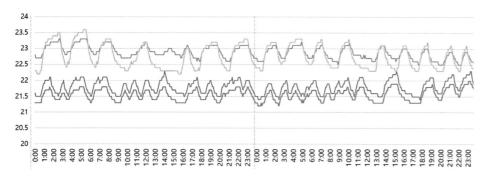

室内环境参数实测结果

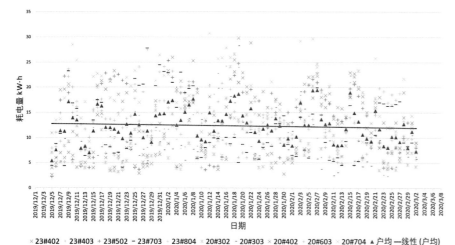

房间耗电量监测结果

× 23#402 · 23#403 + 23#502 - 23#703 · 23#804 · 20#302 - 20#303 × 20#402 · 20#603 - 20#704 ▲ 户均 ——线性 (户均)

4．健康舒适的高效新风热回收系统，恒氧、恒净、恒静

项目室内舒适度设计指标优于常规建筑，采用高效全热回收除霾新风一体机提供冷、热与新风，机组能效指标较国家标准提升幅度大于6%，新风机与室内CO_2、污染物及颗粒物浓度联动，个性化可调。通过整楼及全屋气密性设计，避免了室外污染空气的无组织渗透，隔绝了室外噪声。

新风系统通过与空气源热泵集成环境一体机，每户一台，提供新风的同时具备供冷供热功能。高效热回收系统可以保证室内在供应充足新风的同时回收大部分的排风能量，降低新风导致的供暖和制冷负荷。供热供冷温度可实现分室控制，满足3℃温差以内的个性化差异需求。

5．全面监测运行数据，开展超低能耗绿色建筑运行效果后评估

项目每户设有温湿度、CO_2、PM2.5以及能耗监测系统，可以方便用户及时掌握房间室内环境质量以及空调系统运行情况。此外，运营初期，委托第三方权威机构对项目典型房间进行全面的运行参数检测，内容包括房间温湿度、围护结构内表面温度、室内CO_2浓度、室内PM2.5浓度、新风热回收机组运行参数、室内背景噪声以及房间运行能耗，结果显示，室内环境和户均能耗均与设计目标相符。

物业管理人员根据全面的房间运行参数检查分析引导住户形成良好的节能意识和行为习惯，如过渡季开窗通风降低空调机组能耗，定期更换新风机组滤芯以保证室内PM2.5浓度始终处于低水平，同时减少机组运行噪声等。

典型层、典型户设置了分项计量装置，对冷热源系统能耗、照明、插座及生活热水能耗设计了单独计量条件。解决了目前已有的超低能耗绿色建筑难以获得运行数据，无法评估运行效果的难题。

小区水景

小区景观

小区夜景

6. 海绵城市设计理念

项目采用海绵城市设计理念，优先利用渗水砖、雨水花园、下沉式绿地等"绿色"措施来组织排水，以"慢排缓释"和"源头分散"控制为主要规划设计理念，既避免了洪涝，又有效地收集了雨水。

项目屋面、道路雨水采用雨水入渗系统、调蓄排放系统措施加以控制，设置雨水调蓄排放池。道路雨水口采用具有拦污、截污功能的雨水口。人行道、地面停车场、广场采用透水地面。绿地雨水就地入渗，设置下凹式绿地等措施，提高本工程用地范围内的雨水利用率，降低因规划建设造成地面硬化而产生的地标径流量。超过雨水收集入渗能力的雨水排入市政雨水管网。

专家点评

该项目采用超低能耗建筑设计和施工技术体系，在外墙保温厚度，无热桥设计以及气密性等方面均采用较高的建设标准。供暖系统采用空气源热泵高效全热回收除霾新风一体机提供供冷、供热与新风，机组能效指标均高于国家标准。供热供冷温度可实现分室控制，满足3℃温差以内的个性化差异需求。每户设有温湿度、CO_2、PM2.5以及能耗监测系统，对运行情况进行全面监测。通过上述措施项目取得了较好的节能效果，住宅供暖能耗为住宅设计标准基准能耗的11.8%，幼儿园设计能耗为公共建筑标准基准能耗的40%。同时，该项目充分贯彻海绵城市设计理念，综合采取了多项海绵城市技术措施。全过程应用BIM技术，有效提高施工效率和工程质量。

上海市第一人民医院改扩建工程

获奖情况

获奖等级：二等奖

项目所在地：上海市

完成单位：上海市第一人民医院、同济大学建筑设计研究院（集团）有限公司

项目完成人：吴锦华、张洛先、赵文凯、陈剑秋、汪铮、戚鑫、任国辉、吴明慧、刘冰韵、于翔、李晓璐、李冬梅

项目简介

上海市第一人民医院改扩建工程位于上海市虹口区武进路86号地块。项目由新建的住院医疗综合大楼（A楼）、保留建筑（B楼）及连廊、连接体共同构成。功能包含急诊急救中心、手术中心、门诊体检中心、住院中心及相关诊疗辅助等。用地面积8320m²，建筑面积48129.73m²，建筑层数15层，建筑高度61.6m。项目于2017年10月获二星级绿色建筑设计标识。先后获得2017年度上海市建设工程白玉兰奖，2018—2019年度中国建设工程鲁班奖，2018年度住房和城乡建设部"绿色施工科技示范工程"，2020年度上海市优秀工程勘察设计项目建筑工程设计（公共建筑）一等奖、建筑结构设计二等奖、绿色建筑专业二等奖、水系统工程设计三等奖。

上海市第一人民医院改扩建工程鸟瞰图

改造前的B楼

改造后的B楼

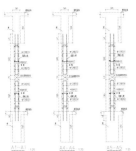

阻尼器图纸与现场施工图

创新技术

1. 历史建筑改造利用

项目用地范围内有一幢四层旧建筑，为原虹口中学教学楼，始建于20世纪20年代，其饰面拉毛处理手法、入口形式、开窗比例具有典型代表性及保护价值。项目对其进行改造利用，作为急诊及行政办公用房。

平面与功能：基于老建筑平面的形状、开间及进深限制，建筑进行再利用，作为小诊室、办公或库房等对空间进深、荷载要求、机电要求较低的房间。

立面及空间：城市空间方面延续街道的历史文脉；外立面以修旧如旧的原则复原；内部空间以新旧建筑的对比增加空间的趣味性，提升就诊空间的品质。

节能改造：外墙内侧加设A-EPS内保温，立面窗材更新为断热型材中空玻璃窗，型材宽度及玻璃划分面积参照原钢窗形式设计，屋顶重新设置防水并延续优化原屋顶绿化。

结构加固：外排柱采用在建筑内侧增大截面加固，中柱采用湿法外包钢加固；纵向框架边梁采用单侧增大截面加固，纵向框架中间梁采用三侧增大截面加固；楼板支座处采用粘贴碳纤维布进行加固；内隔墙拆除后采用轻质隔墙。

2. 抗震设计（软钢阻尼支撑）

新建住院医疗综合大楼（A楼）采用基于性能的抗震设计，并合理提高建筑的抗震性能。在不影响建筑使用功能的前提下，采用嵌入隔墙中的软钢阻尼支撑，降低地震作用，提高抗震性能。采用阻尼器后，剪力墙布置减少，标准层桁架取消，地震作用相应减小。多遇地震下结构总阻尼比由5%提升至6.88%，底部剪力减少约10%，结构抗震性能提高。

东侧出入口支撑

采光与遮阳一体化

3. 室内环境优化

保温、隔热、隔声：外墙、屋面、外窗根据节能、隔声要求合理选材，并设置屋顶绿化、天窗可调节内遮阳、浅色外墙饰面等技术措施，创造良好的室内热湿环境、声环境，并节约能耗。

自然采光与遮阳一体化设计：在A楼与B楼连接体的中庭设置天窗和可调节遮阳百叶，优化自然采光，防止眩光，并减少夏季太阳辐射得热，降低空调能耗。A楼楼立面外窗采用有韵律感的内凹设计，层间楼板对外窗形成水平遮阳，做到了节能与艺术性的有机结合。

4. 文绿融合

遵循城市有机更新理念，项目在场地布局、立面设计、景观设计等方面与周边城市环境有机融合。

场地布局中，统筹南部院区功能后设置新建院区的功能分布，功能单元以最优化方式分设或整合，保证新建大楼内部与现存院区之间的良好关系及和周边城市环境良好的功能对接。

立面设计通过从周边提取设计符号，采用相匹配的材质和色彩，融入历史街区周边建筑及医院北侧苏州河老院区建筑特点，达成与周边建筑的协调统一，延续了医院的历史文脉。

通过设置屋顶绿化与下沉庭院，与原有城市绿化形成联动，与虹口港的水景相呼应，保留并增强城市原有的绿化景观，打造城市景观亮点。

总平面图

屋顶绿化

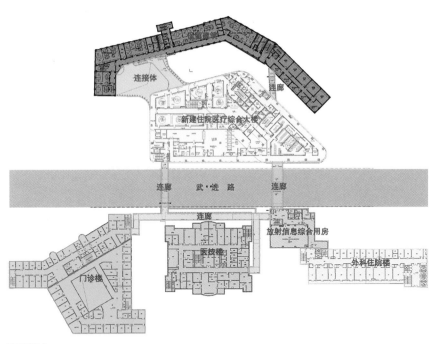

空间整合

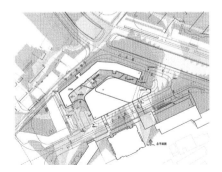

日照分析

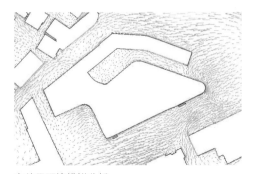

室外风环境模拟分析

东北侧鸟瞰图

5．场地布局优化

项目用地面积仅8320m²，并包含一栋既有建筑。建筑设计在满足日照、防火、卫生等要求的基础上充分利用基地和既有建筑特征，将新建建筑与既有建筑采用连接体、架空连廊等形式有机结合，实现了医疗空间布局与复杂交通流线的协调统一。

项目结合室外风环境、自身及周边住宅日照要求等进行总平面与建筑设计。总平面布局中，在较小规模的用地范围内布置新建高层建筑，与保留建筑保持合理间距，并在新老建筑之间设置近人尺度下沉庭院；建筑设计优化建筑体形，平面转角采用弧形。

6．BIM技术应用

本项目列入上海市建筑信息模型技术应用试点项目。通过BIM技术，在建筑设计阶段和施工阶段解决相关问题。

应用内容：优化管线综合，提高室内净高；管线碰撞试验，控制管线实现相互不影响；为施工单位BIM提供基础条件，节约其费用及周期；为设备安装、幕墙深化等BIM深化设计提供平台和可能性。

专家点评

该项目改扩建的体量并不大，但却在保护利用历史建筑、延续街道历史文脉、更新平面使用功能、增设内保温和替换节能门窗、合理提高旧建筑抗震性能等方面进行了成功尝试。为尊重历史文化遗存，提高建筑使用合理性、舒适度、安全性提供了很好的参考，对于历史建筑的保护和城市更新改造具有良好的借鉴作用。

管线综合模型

净高优化模型

虹桥商务区核心区南片区02地块办公楼项目

获奖情况

获奖等级：二等奖

项目所在地：上海市

完成单位：上海紫宝实业投资有限公司、上海市建筑科学研究院有限公司

项目完成人：夏锋、杨建荣、恽燕春、李坤、王卫东、季亮、华天宇、孙伟、程亮、余洋、阮昊、徐爽、祝磊、芮丽燕、张嫄

项目简介

虹桥商务区核心区南片区02地块办公楼项目位于上海市闵行区。项目总用地面积8129.7m²，总建筑面积25472.8m²，其中地上建筑面积14019.8m²，地下建筑面积11453m²。项目建筑高度22.8m，地上5层，功能主要为办公；地下2层，地下1层主要为配套功能分区，地下2层为停车库。本项目冷热源由虹桥商务区热电冷三联供能源中心提供，采用排风热回收照明节能控制、节水器具及BIM技术，实现了能源资源的"双节约"；利用新风空调双净化、采光中庭、下沉式庭院、内侧幕墙开窗等措施，最大限度地保障室内采光和空气品质。

项目于2015年初获得绿色建筑三星级设计评价标识，经过2年多的持续绿色运行，项目于2020年初通过了国家绿色建筑三星级运行标识评价。此外，项目于2019年获得由美国绿色建筑协会颁发的LEED O+M：既有建筑铂金级认证，实现了绿色运营的国际国内双认证。

虹桥商务区核心区南片区02地块办公楼项目鸟瞰图

大厦整体格局

办公大堂设置采光顶

下沉式庭院为地下1层带来充足的自然光

创新技术

1．兼顾采光、自遮阳的建筑设计方案

项目设置了室外中庭、采光顶和下沉式庭院，搭配透光性良好的玻璃幕墙，为建筑内各个区域的使用者带来充足的自然光，营造充满活力的室内环境。项目地上部分超过80%的主要功能空间面积和70%以上的内区面积的采光系数能满足国家采光设计标准的要求，有89.4%的地下首层空间面积的采光系数能达到0.5%。

项目外立面GRC单元式幕墙的外挂板与幕墙玻璃具有一定的倾斜角度，通过GRC外挂板的内凹自遮阳和建筑1~2层退界自遮阳，达到被动自遮阳且立面效果统一的状态。此外，项目在各层的办公室、会议室都设置了可调节的内遮阳设施，在保障充足自然采光的同时避免了眩光引发的不舒适，提高了自然采光的质量。

GRC外挂板与幕墙玻璃之间的倾斜角度形成自遮阳

充满活力的室内环境

立面横向流线拼接出"水波纹"造型

建筑智能管理平台主页面

2．硬实力与软实力兼具的GRC单元式幕墙

项目在设计时运用不同形状的GRC幕墙单元，将外立面的横向流线拼接出"水波纹"的造型，赋予了立面"流动性"。从远处看，三栋办公楼宛如三座桥墩，而钢结构架空连廊就仿佛是搭建在桥墩上的桥身，充分凸显了宝业集团的发源地——"桥乡水乡"绍兴浓郁的地方文化特色。

为了满足工业化生产的要求，项目在制造模具时采用了当时较为先进的CNC技术，最终用了26种模具组成了立面上1000多块GRC外挂板的变化，极大地降低了工业化预制的复杂性，避免了材料浪费。GRC外挂板采用了阿尔博牌52.5级白水泥，经过国内外专业团队长达两年的研究和试验，其具有优良的防火性、水密性、保温性、气密性、自清洁性和耐久性。本项目通过BIM技术建造预制构件模型，利用BIM对管线进行碰撞检查及标高调整，并在施工前模拟场布及施工吊装，精准定位。

借助本项目积累的建筑工业化经验，大楼已接待社会各界团体和专业人士多达近5000人次，组织了十余种主题数十次的技术沙龙，始终致力于宣传建筑采用的绿色建筑新产品和新技术，推广绿色建筑的基础知识和基本理念，促进绿色建筑技术交流。

3．室内高品质空气保障措施

本项目新风机组均采用MERV13级（中效）过滤装置搭配新风电子净化器，并在风机盘管系统回风口处安装静电过滤器。项目采用的空气净化装置对颗粒物的一次通过净化效率超过了80%，对微生物的一次通过净化效率可达90%。

项目在人员密度较高的主要功能房间中均设置了温湿度、CO_2和PM2.5传感器并与新风风阀联动，并将监测数据以小时为间隔上传至楼宇自控系统。经实测，室内主要空气污染物浓度较相关国家标准规定的限值可以进一步降低30%以上，2018年7月至2019年6月一年间，室内PM2.5浓度为18.7μg/m³。优异的室内空气品质为建筑使用者的健康提供了有力的保障。

4．高度集成化的建筑智能管理系统

项目的智能化集成管理系统能实现对建筑用水量、用电量和冷热源用量的分项计量，完成新风机的启停控制和照明的开关控制，还兼容了通信网络系统、有线电视系统、公共/应急广播系统、入侵报警系统、视频安防监控系统、一卡通系统、停车场管理系统等一系列智能化系统，通过高度集成化的建筑智能管理系统实现对建筑运行情况的精确掌握，为建筑持续高效运行提供基础。

5．新工艺材料的应用

项目部分办公区顶部采用了印有空调管线走向的电控玻璃，通电后可显示出吊顶内空调管道的位置，既有指示和科普意义，又便于后期维保。项目的会议室配备了电控玻璃隔断，使用者可以通过控制电流的通断来控制玻璃的透明与不透明状态，这样的玻璃既具有夹胶玻璃的安全性又兼具隐私保护功能，充分顾及使用者的感受。项目在场地入口水景背景墙和C栋建筑3层办公区采用了透光混凝土材料，地下1层的咖啡厅采用了成像混凝土材料，兼顾工业风格和人文温度。

会议室电控玻璃保障隐私

咖啡馆吧台成像混凝土展示

屋顶农作物种植区展示

6．体现健康与人文理念的屋顶花园

项目的屋顶绿化采用乔、灌、草结合的方式，种植了一系列乡土植物。除雨水调蓄、降低热岛效应、提高生态价值和观赏价值等一系列常见功能外，项目还将葡萄、山楂、茄子、线椒、苦苣等十余种农作物种植在屋顶绿化中，并指派专人进行养护。农作物成熟后将进行采摘，作为员工餐厅的食材供员工食用，给大楼中的员工带来了原生态的食用价值。

专家点评

该项目特点具体可以概括为三个方面：一是理念先进。突出了绿色建筑发展中的健康、人文、智慧理念，强调通过绿色技术手段综合统筹平衡，建设了"健康环境、舒适办公、节能环保、智慧管理、人性设计"的高品质建筑。二是技术先进。采用排风热回收、照明节能控制、节水器具及BIM技术，实现了能源资源的"双节约"；利用新风空调双净化、采光中庭、下沉式庭院、内侧幕墙开窗等措施，最大限度地保障室内采光和空气品质，是一个被动和主动技术充分结合、系统应用的代表性工程。三是效益明显。实现了绿色建筑的全过程管控，确保了绿色理念与技术的最终落地，取得了良好的社会经济环境效益。

上海临空11-3地块商业办公用房项目9号楼

获奖情况

获奖等级：二等奖

项目所在地：上海市

完成单位：上海新长宁（集团）有限公司、上海建筑设计研究院有限公司

项目完成人：倪尧、施建星、王平山、张瑛、潘嘉凝、李勒、燕艳、李建强、孙斌、张宏、季捷、周琪、张伟程、汤福南、叶海东、方廷、陈家乐、叶弋戈、张皓

项目简介

上海临空11-3地块商业办公用房项目9号楼位于上海临空11-3地块，总建筑面积54266m²，其中地上建筑面积35064m²，地下建筑面积19033m²，建筑高度23.91m，地上5层，地下1层。主要功能为办公研发、配套会议室、健身房及员工餐厅等。项目由上海新长宁（集团）有限公司开发建设，由上海建筑设计研究院有限公司（施工图设计、可持续设计顾问）、Gensler（建筑方案设计）、Glumac（机电方案设计）等共同设计。

该项目被用作江森自控亚太总部大楼，2010年立项，2014年11月通过施工图审查，并于同年开工，2017年5月竣工投入使用。

项目坚持可持续理念，以创新的思维探索国际领先技术，以国内外绿色建筑评价最高等级为目标，先后获得了三星级绿色建筑设计标识、LEED-NC铂金级认证、EDGE设计阶段认证奖、上海绿色建筑贡献奖、RICS年度可持续发展成就冠军。

上海临空11-3地块商业办公用房项目9号楼实景图

中央冷站实景

约克冷水机组

约克YAM机组

中庭采光分析图

中庭实景图

办公层采光分析

办公层实景图

创新技术

1. 资源节约

严格控制各朝向窗墙比小于0.5，并合理选择保温材料。供暖空调全年计算负荷较《公共建筑节能设计标准》GB 50189降低22%。空调冷源采用单级泵闭式蓄冷的冰蓄冷系统，设置2台双工况电动离心式冷水机组和1台基载单工况电动离心式冷水机组，与《公共建筑节能设计标准》GB 50189相比，水冷式制冷机的COP提高了12.7%，双工况主机的COP提高了23.1%，多联机IPLV提高了52%，真空燃气锅炉的性能提高了14%。

卫生洁具采用一级节水器具，同时屋顶绿化采用滴灌，场地绿化采用微喷灌，并设雨天关闭传感器。设置雨水收集处理系统供室外绿化浇灌、道路冲洗、景观补水及地下室车库地面冲洗；设置中水系统，收集大楼的生活废水、地下室空调冷凝水及淋浴排水作为中水系统的原水，供卫生间冲厕使用。

对地基基础、结构体系及结构构件进行优化设计，经过对比计算，优化柱网。选择宽扁梁体系，优化梁柱截面尺寸，同时采用清水混凝土，减少材料。经计算，可节约混凝土用量约27%，节约钢筋量约22%，CO_2减排19.8%。

2. 健康舒适

本项目新风过滤系统满足F7和MERV13要求，冷热盘管、AHU设有高压微雾加湿等功能。会议室设置CO_2浓度监控，地下室设置CO浓度监控。部分区域采用HLR空调节能机组，可高效吸附CO_2、甲醛、TVOC等污染物。

本项目隔墙选用双面双层的12mm/15mm纸面石膏板，内附100mm厚吸声毯，并在架空地板上铺地毯。在此基础上，3～5层开放办公区设置声学掩蔽系统，有效减少室内背景噪声及提高办公区语言私密性。

项目在规划布局及建筑设计时将景观设计融入整体设计中。主要功能房间采光系数达标比例达97.3%。通高的共享中庭、开敞式布局的室内办公区都将楼内的视野和自然采光最大化，内区采光系数满足采光要求的面积比例达到61.6%。

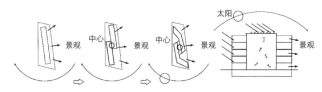

项目概念设计图

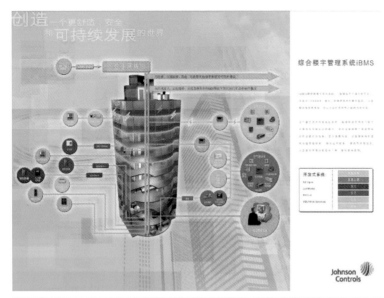

智慧楼宇系统

3．智慧楼宇

本项目所使用的智慧楼宇系统包括楼宇管理METASYA系统、中央机房优化控制CPO10系统和建筑设施能效管理SEED系统。

楼宇管理METASYA系统包括传感器、执行器、控制器。该系统具有可靠性高、操作简便、灵活性强、全效节能、最佳管理等优势，通过多用途集散式计算机控制系统方式，比普通非智能控制管理系统综合节能10%以上。

中央机房优化控制CPO10系统与Metasys系统以及约克YK离心式冷水机组相结合，不同吨位和起动器的制冷机都能根据建筑物的负荷和环境条件，发挥最大的能效，较一般冷水系统节能15%左右。

建筑设施能效管理SEED系统在METASYS系统采集的能耗历史数据的基础上，采用多角度的分析方法，对建筑与设备的能效进行分析与展示，使客户对建筑与设备的能耗使用情况具有清晰而客观的了解，从而制定有针对性的节能策略，最终达到建筑节能的目标。

4．高效协作

为实现LEED铂金全球最高分和绿色三星，建设方组建项目工程师团队，来自使用方、设计、咨询、监理、施工等各个相关方的成员，组成了全方位、全系统的专业团队，对项目进行全过程的控制。

由于中外绿色建筑体系略有差别，为了使设计和施工团队能够精准有效的执行，建设方项目管理团队联合可持续设计顾问制定了项目的《绿色建筑设计标准》《绿色建筑施工管理文件》《质量管理文件》，将不同标准体系在本项目里融合统一，避免反复协调变更修改，大大提高了工作效率。

在本项目中，可持续咨询团队全过程提供技术支持，贯穿整个设计和施工全过程，审核设计图纸，梳理施工月报，保证该项目顺利达到国内外绿色标准。

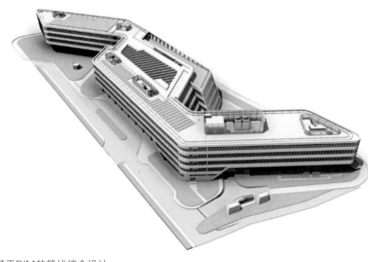

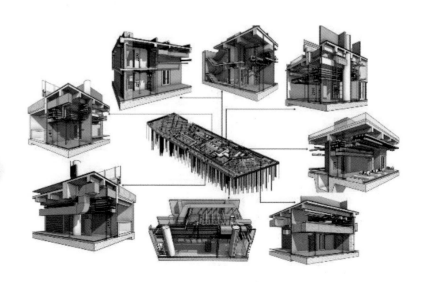

基于BIM的管线综合设计

项目东南侧鸟瞰图

项目东南侧

由于项目管线综合设计复杂，管线最为密集的区域纵横交错达7层之多，且地下室的部分机房作为产品展示区，在满足正常运行的前提下对于管线、设备排布的美观度也有很高要求，采用BIM协同设计，便于施工的开展以及后续管线的维护。同时，本项目在运营阶段利用BIM技术对项目监测及调试优化。

专家点评

该项目设计理念先进、技术创新、综合效益明显，在资源节约、健康舒适、智慧楼宇、高效协作等四个方面进行了系统性绿色探索，是一个绿色建筑技术系统集成的样板。尤其通过采用智慧建筑技术和产品（包括安防、消防、自控和暖通空调等整体解决方案），为基于数字化连接的现代城市提供支持，以实现可持续的城市生活，提高能源利用效率，降低运维成本。该项目的创新实践充分表达了如何让绿色建筑未来变得更高效、更安全、更可持续。

上海市青浦区徐泾镇徐南路北侧08-02地块商品房项目

获奖情况

获奖等级：二等奖

项目所在地：上海市

完成单位：中国葛洲坝集团房地产开发有限公司、葛洲坝唯逸（上海）房地产开发有限公司、中国建筑科学研究院有限公司、葛洲坝物业管理有限公司

项目完成人：桂桐生、杨扬洋、焦家海、孟冲、王得水、何中凯、陈昕、曾彪、胡文全、秦淑岚、张伟、肖勇、吴兵、汪亮、赵新睿、谢琳娜、李帆、张然、雷雄文、王山

项目简介

上海市青浦区徐泾镇徐南路北侧08-02地块商品房项目位于上海市青浦区徐泾镇徐南路北侧08-02地块。项目用地面积25266.60m²，地上12层，地下1层，建筑高度44m，功能主要为居住建筑。该项目在设计建设运维全过程中坚持"以人为本"的理念，落实了新时期绿色建筑在安全耐久、健康舒适、生活便利、资源节约、环境宜居等方面的高性能要求，践行了中国葛洲坝地产科技价值理念，对高质量绿色建筑建设具有重要参考价值。该项目室内热湿环境达到优级，室内空气品质达到优级，室内噪声35dB以内，净化水达到直饮水级别。同时，项目充分考虑了上海市的气候和文化条件，具有良好的社会效益、环境效益和经济效益。该项目获得了首批中德绿色建筑国际双认证、国际C21低碳建筑解决方案奖、精瑞科学技术奖金奖、首批国家新绿标三星级认证、"十三五"示范工程等荣誉，受到国内外机构的认可，具备良好示范作用和推广价值。

上海市青浦区徐泾镇徐南路北侧08-02地块商品房项目效果图

营销中心外景

样板间客厅

样板间卧室

新风管道

毛细管网辐射空调

创新技术

1. 安全耐久

主体结构、外墙、屋面、门窗等设计均考虑安全性，抗震设防烈度达7度。项目厨卫采取严格的防水措施，顶棚设置防潮纸面石膏板吊顶；地库、各楼层均设置紧急疏散通道，设置各类警示与引导标识；阳台处设置1.1m高安全防护栏，单元入口设置钢化夹胶安全玻璃雨棚防高空坠物；小区室内外采用防滑铺装，人车分流设计更保障了业主安全。采用建筑结构与设备管线分离设计，水、暖、电管材等均采用了耐腐蚀、抗老化、耐久性能好的材料。

2. 健康舒适

项目采用全置换新风系统，新风过滤采用G4+静电除尘+F9亚高效，PM2.5过滤效率大于90%。经检测，室内PM2.5和PM10年均浓度数值均优于标准要求。厨卫采用独立回风并安装止回阀，避免串味。采用全屋净水系统，每户设置软水机和净水器，净化水达到直接饮用级别。采用系统窗配Low-E中空玻璃，隔声效果良好；设备机房内侧贴吸声材料，采用隔声门和隔声窗；室内采用同层排水，经检测，主要房间噪声级达到高要求标准限值。采用节能型防眩光灯具，外窗做外挑300mm遮阳板，设置中置百叶，阳台、凸窗、内饰面采用浅色材料，防眩光效果突出。采用毛细管网辐射空调末端承担室内显热负荷，可控室内温度；独立新风系统承担室内潜热，控制室内湿度，实现了室内温湿度独立控制。

3. 生活便利

项目地处虹桥商务板块，交通便利，各类配套完善，小区内设游泳池、健身房、活动室、儿童乐园等活动场所。设置地下车库；设置无障碍车位和电动车位，其余均预留充电安装条件；小区出入口、平台等处都做了无障碍设计；电梯均为无障碍电梯，可容纳担架；坡道及台阶等处设置安全抓杆或扶手，公区墙角做圆角设计，全龄友好。定制开发可视化智慧家居屏，一键控制室内照明、温湿度等，并可通过APP操作；建筑能耗管理依托能源运行管理平台，及时分析和优化设备运行。物业管理制定操作规程与应急预案，建立用水用能考核激励机制，并编写业主使用手册；定期组织技术培训，提高系统运维能力。

4. 资源节约

节地方面，容积率1.6，绿地率35.07%，合理利用地下空间。节能方面，采用地源热泵可再生能源系统，设置螺杆式地源热泵机组3台，COP达6.13，较标准提升17.88%。保温采用挤塑聚苯乙烯泡沫板和岩棉板，外窗采用系统窗，围护结构热工性能提升比例达到20%~58%。经计算，机电设备能耗降幅21.4%。采用节能型电梯保障节能。节水方面，利用雨水进行绿化灌溉、道路地库冲洗和景观补水；采用节水灌溉系统，用水器具均采用一级节水器具。节材方面，项目全部精装修交付，避免二次装修；运用PC工业化技术，采用外墙、剪力墙、阳台板、楼梯板等PC构件，PC预制率达30%；采用BIM技术优化管线综合。可再循环材料利用率为6.51%，400MPa级以上钢筋达90.58%。

5. 环境宜居

场地生态与景观条件良好，采用乔灌草复层绿化；楼间距均大于21m，相互无遮挡；在建筑主出入口下风向设置室外吸烟区；严格进行垃圾分类。室外物理环境良好，设置绿化带隔声降噪；场地风环境良好；建筑外立面采用干挂石材，无光污染隐患，所有景观灯具避免产生眩光。

地下车库

设备间1

设备间2

小区游泳池

雨水回收系统

小区儿童乐园

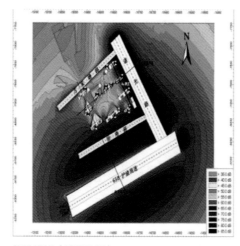

场地模拟（模拟数据）

外部水景（实拍）

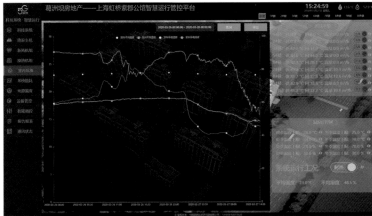

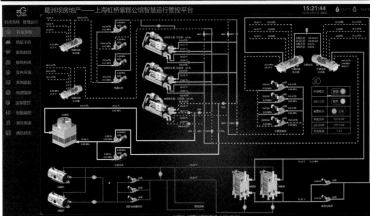

能源管理平台（平台数据截图）

6．关键技术

（1）采用重力式屋面雨水收集系统以及综合调蓄，场地径流总量控制率达77.1%。

（2）采用地源热泵+毛细管网辐射+全置换新风系统，提供舒适健康的人居环境体验。

（3）同层排水和户式净水系统，综合保障用水健康。

（4）采用系统窗，提高气密性，大幅降低运行能耗。

（5）智能家居+高品质部品配置，彰显精工品质。

（6）PC建造和BIM技术应用，积极践行新型建筑工业化。

（7）基于能管平台的物业管理服务，打造智慧物业。

7．管理创新

（1）规划设计阶段，利用公司自主研发的科技体系，实施与绿建目标综合协同的管理模式。

（2）施工建造阶段，做好施工单位绿建交底，严控材料进场验收，组建质量管理小组，加强过程验收。

（3）运行管理阶段，设置绿建管理工作小组，制定绿建审核、奖惩、培训制度，同时充分应用能源管理运行平台。

8．经济、社会、环境效益

（1）绿色技术驱动节能，项目每年节省约300万元。

（2）科技助力建筑科技产业升级，引领行业创新发展。

（3）节能减排、节水利用、环保材料，全面降低环境影响。

（4）通过抽样调查，项目获得80%以上的非常满意率。

专家点评

该项目采用高性能系统门窗，提高了建筑气密性，围护结构热工性能提升20%以上。采用全屋净水系统，户内设置软水机和净水器，净化水达到直接饮用级别。能源系统采用高效率地源热泵+毛细管网辐射+全置换新风系统，厨卫采用独立回风，通过精细化运维提供舒适的室内环境。采用屋面雨水收集系统以及综合调蓄措施，场地径流总量控制率达77.1%。采用工业化建造方式，预制装配率达30%。采用BIM技术优化管线综合，避免了管线碰撞，提高了施工效率。采用能源管理平台的智慧物业管理系统，开发了可视化智慧家居系统，可以实现一键定制或通过移动终端APP调整室内环境参数。物业管理方面，编写了业主使用手册，建立了用能考核激励机制。项目在设计、建设、运维全过程中坚持"以人为本"的理念，充分落实了新时期绿色建筑高质量发展要求。

常州市武进绿色建筑研发中心维绿大厦

获奖情况

获奖等级：二等奖

项目所在地：江苏省常州市

完成单位：常州市武进绿色建筑产业集聚示范区管委会、上海市建筑科学研究院有限公司、江苏省住房和城乡建设厅科技发展中心

项目完成人：徐宁、杨建荣、贺军、李芳、张宏儒、李湘琳、林姗、宋亚杉、赵帆、周泽平、秦岭、王东、万科、周乐涵、尹海培、季亮、史珍妮、季雪纯、李文、王宁

项目简介

常州市武进绿色建筑研发中心维绿大厦坐落于江苏省常州市武进绿色建筑产业集聚示范区，位于延政西大道以北，绿建景观大道以西，西政路以南，漕溪路以东，用地面积17026m²，总建筑面积37161m²，包括一栋10层主楼和一栋1层配楼，主要功能为办公和会议。项目自2014年开始设计，2016年正式运营，从绿色技术探索、绿色设计融合、绿色产品研究、绿色施工管控、绿色技术改造、绿色持续运营等方面进行了全寿命周期的绿色建筑实践。项目已获得中国绿色建筑三星级设计及运行评价标识、江苏省可再生能源建筑应用示范工程、国际人居生态建筑规划设计方案竞赛活动建筑及科技双金奖等多项殊荣，在江苏省乃至长三角地区的绿色建筑工作推进方面，具有极大的产业集聚和示范引领的作用。

常州市武进绿色建筑研发中心维绿大厦实景图

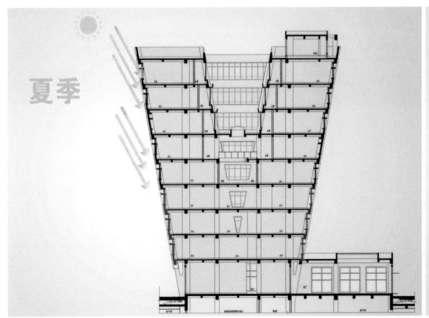
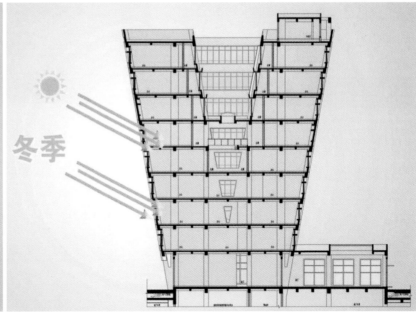

"V"字形自遮阳

中庭花园自然采光利用

地下采光天窗

导光管系统

创新技术

1. 多样化的遮阳技术："V"字形自遮阳+中置百叶遮阳+电动外遮阳百叶

考虑到武进地区太阳高度角夏至日为81.6°，冬至日正午为34.7°，项目"V"字形设计使得建筑实现夏季遮阳、冬季充分利用自然光的目的。

项目外窗设置双层玻璃中置遮阳百叶，具有良好的控温功能、遮阳效果和气密性。同时，在中庭幕墙设置电动遮阳百叶，达到动态遮阳的效果。

2. 因地制宜的被动式设计：强化自然采光+导光管系统

为充分利用自然光，项目地下空间设置下沉庭院及采光天窗，主楼空中花园部分设置采光天窗，配楼内走廊设置导光管，通过多种形式将自然光引入室内。

能源中心

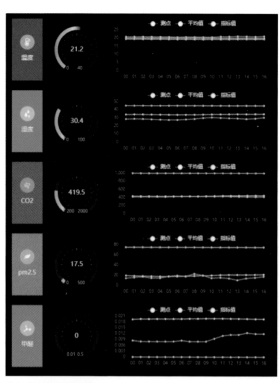

空气品质监测数据

环境监测仪

太阳能光伏系统

雨水花园

3．能源综合利用：热电冷三联供+地源热泵+光伏发电系统

项目采用包括地源热泵系统在内的区域能源系统。该系统采用燃气三联供+地源热泵+离心式制冷机组+烟气溴化锂机组+燃气真空热水锅炉，分布式能源综合能源利用率可达76.86%。通过可再生能源的利用，项目每年可节约797.52t标准煤，节能率达到32.34%；每年可减少CO_2排放量5860t，减少SO_2排放量117.17t，减少氮氧化物排放量64.68t，实现节能减排的目标。

主楼屋面设置约200m²、22kW的太阳能光伏板，满足项目的部分用电负荷需求。根据电量数据显示，2018年太阳能光伏发电总量为16933kW·h，占项目总用电量的比例达到1.28%。

4．舒适健康的室内环境：空气净化与监测+智能照明控制系统

在空气净化方面，采用溶液调试新风机组，对室外送入室内的新风进行过滤和水洗，并在风机盘管回风口加装PM2.5净化装置，通过静电作用实现对建筑空间内PM2.5、细菌等污染物的控制。为保障健康舒适的室内环境，项目主要功能房间设置室内空气品质监测装置，监测室内温湿度、CO_2浓度、PM2.5等参数，并在BIM运维平台上显示监测结果和实现超标报警。同时，CO_2浓度传感器与新风系统联动，保证室内良好的空气品质。

项目各场所均采用LED光源节能灯具，西楼1层、7层、8层、9层照明采用DALI智能照明控制系统。在各场所设置多功能传感器，可对灯具进行调光控制，实现有/无人自动延时开/关。其余各层公共走廊、大空间办公室设置智能照明，靠窗区域灯具为调光灯具，可根据日光调节灯具亮度。走廊灯具为动静控制，无人时为低亮度，探测到人员动静后调节到正常亮度，人走后延时调光到低亮度。

人工湿地

基于BIM的运维管理系统平台

5．场地雨水综合控制与利用：多层次绿化+海绵城市微景观+人工湿地雨水处理回用

项目采用多层次立体绿化，在主楼屋面主楼7楼设置空中花园，在主楼中庭设置垂直绿化，在配楼立面设置草坡绿化，并配合自动喷灌、滴灌等节水灌溉技术，营造绿意盎然的室内外自然景观。

在海绵城市微景观营造方面，项目设置了下凹式绿地及雨水花园，通过雨水渗透和蓄集实现了对地表径流的控制。在透水铺装方面，人行道、停车位使用透水植草砖。

项目根据场地原有地形设置雨水回用系统，处理后的水供绿化灌溉、道路浇洒、景观水体、冷区塔补水使用，同时供景观沟渠内补水，减少市政自来水的使用。通过场地海绵城市及雨水综合利用设计，项目整体场地年径流控制率不小于70%。

6．运营期持续监测与优化：基于BIM的绿色智慧运维管理系统平台

为了进一步提高维绿大厦运营管理水平，维绿大厦开展了基于BIM的绿色智慧建筑运维平台研究与创新。该平台集成了多项功能，包括系统整合、数据采集、能耗监测、策略分析、远程维护和动态评价等，帮助维绿大厦真正做到了绿色建筑的全寿命周期管理。绿色智慧建筑运维平台深度协同和融合建筑设备自动化系统（BAS）、通信自动化系统（CAS）、办公自动化系统（OAS）、火灾报警与消防联动自动化系统（FAS）、综合安保自动化系统（SAS）等，同时结合绿色建筑运营管理和建筑能耗、水耗监测、环境管理，帮助维绿大厦以最绿色、最生态的方式运行，提升物业服务品质，延长建筑寿命，提高绿色建筑整体形象。

专家点评

该项目融合多项绿色建筑技术，贯穿项目设计、施工、运维各个阶段，开展了全寿命周期视角下的绿色建筑实践。采用多元化遮阳技术，实现夏季遮阳、冬季日射辐射利用目标。因地制宜，引入光导系统，整合热电冷三联供、地源热泵、光伏发电系统，显著提高年太阳能光伏发电总量，大幅降低了建筑能耗与碳排放水平。整合空气净化与监测、智能照明控制系统，在推进节能减排目标的同时，营造了舒适健康的室内环境。构建了多层次绿化、海绵城市微景观和人工湿地雨水处理回用系统，显著提升了场地年径流控制率。建立了基于绿色智慧运维管理系统平台，实现了项目信息化与智慧化运营管理。

杭州市未来科技城第一小学

获奖情况

获奖等级：二等奖

项目所在地：浙江省杭州市

完成单位：浙江省建筑设计研究院、杭州未来科技城资产管理有限公司、中国美术学院风景建筑设计研究总院有限公司

项目完成人：朱鸿寅、周勇武、王伟、洪玲笑、杨高伟、胡斌、徐盛儿、吴进、郑佩文、黄嘉骅、卜华烨、鞠冶金、马俊、胡国军、武兆鹏、王侃翮、邵忠明、龚晶凡、吴福来、任弘洋

项目简介

杭州市未来科技城第一小学位于杭州市未来科技城核心区的高端居住片区内，用地面积3.86万m²，总建筑面积4.49万m²，地上4层，地下1层，建筑总高度16.5m，整体采用钢框架结构。项目旨在为师生提供绿色、健康、舒适的学习环境，采用了综合遮阳系统、多层次复合绿化、健康监测系统及设备设施、主动式绿色生态节能技术等亮点技术，成功将绿色教育、宣传与体验融入到了校园建筑中，在杭州市打造了一个高品质绿色学校建筑示范项目。

该项目取得了三星级绿色建筑设计标识、运营标识，并获得了2017年度全国优秀工程勘察设计行业奖优秀建筑工程设计二等奖、浙江省建设工程钱江杯（优秀勘察设计）综合工程一等奖、浙江省钢结构优质工程金刚奖、浙江省优秀建筑装饰工程奖、杭州市优秀绿色建筑示范项目等奖项。

杭州市未来科技城第一小学正立面

主广场综合遮阳

水平挑檐固定遮阳

教学楼主入口的绿植墙

内庭院绿植

创新技术

1．综合遮阳系统

本项目中，垂直绿化遮阳、固定外遮阳、可调节外遮阳共同构成了综合遮阳系统。建筑周边设置垂直绿化，减少墙面的太阳辐射得热，不仅改善了建筑局部微气候，同时也丰富了建筑立面造型。

使用大面积落地倒锥形玻璃窗，结合自身倾角与水平飘板挑檐形成自遮阳体系，作为固定外遮阳；部分区域外窗采用电动织物卷帘活动外遮阳，作为可调节外遮阳。大面积落地倒锥形玻璃窗解决了充足采光与遮阳的关系，有效降低夏季太阳辐射得热，结合随处可见的垂直绿化、立体绿化，绿视率高，缓解学生用眼疲劳。

2．多层次复合绿化

项目围绕3个内庭院组织建筑功能，极大改善了教学用房的采光与通风，同时创造出丰富的室内外交流与活动空间，营造出绿色舒适的学习环境。场地及景观设计中充分利用原有场地条件，采用乔木灌木的复层绿化方式，减少硬质铺装，保持生态系统的多样性，形成持续发展的生态环境系统，绿地率达到39.4%。

大量运用乡土树种，乔、灌、草比例协调，平面布置疏密得当，错落有致；竖向布置采用分层设计，形成乔木-灌木-地被的空间模式。在建筑2层、3层、4层的四周采用垂直绿化，主要垂直绿化植物为常青藤。3个风格不同的绿化内庭院保证主要功能空间均有良好的采光通风与景观，无处不在的绿化与垂直绿化令人更亲近自然，创造丰富的室内外交流与活动空间。

书法教室实景

图书馆实景

教室外走廊实景

3．健康监测系统+健康设备设施

在教室、活动室、会议室等人员密度较高区域设置CO_2浓度监测装置和新风除霾系统，地下室设置CO监测系统，保证师生活动场所的空气品质。

校园门口和教室采用人脸识别系统，强化安保措施；教室全部安装冷热直饮水龙头，保障健康饮水；全液晶触摸屏替代传统黑板墙，杜绝粉尘侵害；教室桌椅全部采用可调节设计，适应成长需求。

教室全部采用外开外倒窗，通风效果较好，并且安全防盗防坠落；教室外墙采用弧形墙角转折，防止撞伤；窗外采用铁丝网防护，能防止绿化盆栽坠落，兼顾立体绿化。

4．主动式绿色技术综合应用

项目采用的主动式绿色技术包括：地源热泵空调技术、排风热回收、雨水收集利用系统等，将各项技术综合集成，最终达到节约资源的目的。

项目初期，设计师综合运用建筑能耗模拟等手段，对建筑围护结构进行了优化设计，并设置地源热泵系统、热回收型双风机空气处理机组等高效节能设备，显著降低建筑能耗，节约电力资源。地源热泵空调能效比COP达6.7，排风热回收全热效率达68%。

滴灌盆栽外景

建筑投入运营后，在杭州市建筑节能信息管理平台实时监测用电情况，通过对分项计量电耗情况、各类能耗占比情况等分析，反馈出项目取得了较好的节能效果。

项目设置雨水回收利用系统，回用雨水用于绿化浇洒、景观补水以及冲厕，非传统水源利用率较高，所有绿化均采用滴灌或喷灌方式；生活用水器具采用节水型卫生器具，降低用水量。

5. 钢框架结构体系

本项目包含1幢4层的建筑，主要功能为教学、办公及活动，建筑高度为16.5m。整体采用钢框架结构体系，局部加支撑，设管状柱。大楼梯间采用圆钢管混凝土柱，2层、3层及屋面层采用H型钢梁和热轧型钢。

专家点评

该项目成功将绿色教育、宣传与体验融入到校园建筑中，是一所学习和生活环境优越、绿色技术应用全面到位的绿色学校。创新点主要体现在以下几个方面：一是结合南方地区的气候特点，采用垂直绿化、固定外遮阳和可调外遮阳相结合的综合遮阳系统，有效满足了夏季隔热防辐射需求。二是采用多层次复合绿化、空气品质检测系统和健康的饮水系统，营造了健康舒适的建筑空间。三是综合应用地源热泵、排风热回收、雨水利用、钢框架结构等技术体系，有效提升了建筑能源资源节约水平。

钢框架结构体系

安徽省城乡规划建设大厦

获奖情况

获奖等级：二等奖

项目所在地：安徽省合肥市

完成单位：安徽省住房和城乡建设厅、中国建筑设计研究院有限公司、安徽省建筑设计研究总院股份有限公司、安徽建工集团股份有限公司、中机意园工程科技股份有限公司

项目完成人：单龙、曾宇、左玉琅、詹煜坤、裴智超、杜世泉、程中华、陈静、侯毓、许荷、毕丽敏、赵彦革、谢亦伟、霍一峰、刘辛、王勤、贺最荣、余海涛、刘余德、王树波

项目简介

安徽省城乡规划建设大厦位于安徽省合肥市滨湖新区，用地面积22318m²，建筑面积4.62万m²，建筑主楼12层，辅楼6层，裙房3层，建筑高度47.85m，主要功能为办公、会议等。

建筑利用采光通风中庭、水平可调节外遮阳等措施优化室内环境，采用钢管支护高效地源热泵、光伏PV-LED系统、蜂巢芯密肋楼盖等技术提高建筑节能节材效果，物业采用信息化管理、制定绿色建筑使用手册等保障建筑高效绿色运行。项目于2015年获得三星级绿色建筑设计标识，2018年获得三星级绿色建筑运行标识。本项目是国家和安徽省绿色建筑示范工程，获得中国建设工程鲁班奖、优秀勘察设计"绿色建筑"一等奖、3A级安全文明标准化工地、建筑工程"琥珀杯"、风景园林"徽园杯"、安徽省建设工程"黄山杯"等奖项。

安徽省城乡规划建设大厦鸟瞰图

安徽省城乡规划建设大厦实景

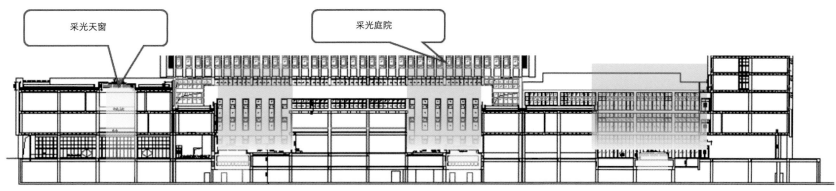

采光天窗　　　　　　　　采光庭院

天然采光方案优化示意图

地下车库采光天窗

办公室内走廊及通风亮子

创新技术

1. 充分利用天然采光，提供健康舒适光环境

通过设置屋顶天窗、采光庭院、小型采光边庭，改善地上空间和内区天然采光。地下空间结合首层绿化庭院设置多个采光天窗和下沉采光庭院，并设置导光管，为地下空间引入天然光。地下空间天然采光面积比例达到35%以上，不仅减少了建筑照明能耗，而且给人健康舒适的感受，提升了建筑空间的环境品质。

2. 优化建筑空间和平面布局，增强自然通风效果

通过通风边庭利用热压实现有效的自然通风。利用CFD模拟手段优化外窗开启扇的尺寸、位置和开窗组织方式，保证各主要房间自然通风换气次数均可达到2次/h以上。

在办公室门上设置可开启亮子，促进建筑组织有效的穿堂通风。办公空间和会议用房安装吊扇，结合开启外窗，促进室内自然通风，减少空调使用时间。

3. 设置可调节遮阳，改善室内热环境

采用固定外遮阳和活动外遮阳相结合的遮阳系统，并与建筑立面一体化设计。在建筑东、西、南向主要光照面均采用竖向墙体和透明幕墙相间隔布置的立面形式，利用突出透明幕墙面的实墙作为竖向固定遮阳构件。在竖向墙体之间设置翼型水平可调节外遮阳，不仅实现了较理想的建筑遮阳效果，还形成了统一的建筑立面效果。

4. 综合利用地源热泵、光热、光电，充分利用可再生能源

采用高效地源热泵系统。地源热泵换热管采用钢管做外支护管、PE管做循环导流管，与传统系统相比，单位取热能力提高约3倍，单位释热能力提高约2倍。地源热泵承担冷热负荷占总冷热负荷的80%。

主楼楼顶安装一套太阳能开水系统和一套太阳能热水系统，可满足51.3%的热水需求量。

屋面安装太阳能光伏，总功率为15kWp，采用太阳能光伏-LED（PV-LED）公共照明技术，为项目的规划展览馆1层展厅、地下车库、自行车库提供电力，采用并网运行方式，无需安装蓄电池。

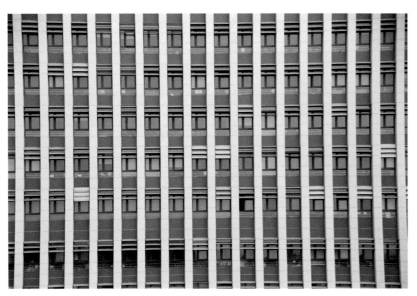

外立面建筑遮阳一体化

翼型可调节水平外遮阳

地源热泵机房

太阳能集热器

太阳能光伏

蜂巢芯密肋楼盖

6．采用施工技术创新，打造绿色施工示范工程

通过雨水收集系统将雨水收集至消防水池内用于施工办公区、生活区绿化浇灌、厕所冲洗、消防用水、车辆冲洗、结构混凝土养护模板冲洗等，节约市政用水约24%。

应用BIM技术对建筑进行建模，对各部分管线施工进行可视化交底，减少管线施工过程中的返工，提高了工效，避免了浪费。

应用高层建筑润泵砂浆余料回收技术，经沉淀的余料可用于制作混凝土预制块、场地硬化等原材料，提高材料利用率，降低施工成本。

7．采用信息化管理系统

物业管理采用信息化管理平台，与建筑智能化系统对接，物业维修、维护等均通过信息化平台实现，提高物业管理水平。

5．采用蜂巢芯密肋楼盖，优化节材效果

主楼楼板采用蜂巢芯密肋楼盖，节约房间净空约200mm，有效降低层高，减少工程造价。密肋梁及GRF轻质聚苯阻燃构件技术的应用，使楼层梁板混凝土用量节约了10%～15%。

基础采用预应力高强度混凝土管桩，主楼、辅楼采用型钢混凝土柱，减少了混凝土的用量；通过优化层高，将层高由4m减少至3.6m，节省钢筋量4%，混凝土量5%；地下室顶板梁采用高强度Ⅳ级钢筋（HRB500），与Ⅲ级钢（HRB400）相比，用钢量减少了8%～12%。

专家点评

该项目的突出特点表现在三个方面：一是理念先进。秉承"建筑接近自然，人体有限舒适"的理念，在创造良好的声、光、热环境的前提下，最大限度地考虑节约土地、水、能源、材料等各种资源，有利于降低建筑运营和维护成本。二是技术创新。充分采用了天然采光，提供健康舒适光环境；优化建筑空间和平面布局实现自然通风效果；设置可调节遮阳，改善室内热环境；综合利用地源热泵、光热、光电，充分利用可再生能源；采用蜂巢芯密肋楼盖优化节材等技术提高建筑节能节材效果，是一个绿色建筑技术系统集成的样板。三是综合效益明显。根据运营数据，绿色建筑增量成本投资回收期预计仅需5年。该项目通过因地制宜绿色建筑技术集成，提升了建筑品质，节约了建筑能耗，为推动安徽全省以及我国夏热冬冷地区绿色建筑技术发展和应用提供了重要的示范实例和有益的建设经验。

厦门中航紫金广场A、B栋办公塔楼

获奖情况

获奖等级：二等奖

项目所在地：福建省厦门市

完成单位：中航物业管理有限公司厦门分公司、深圳万都时代绿色建筑技术有限公司、中建三局集团有限公司、厦门紫金中航置业有限公司

项目完成人：陆莎、许开冰、郑新材、刘显涛、苏志刚、赵乐、陈威、张占莲、闫瑾、徐周权、李涛、于月敏、林娟、唐俊、汪科斌、郑源锋

项目简介

厦门中航紫金广场A、B栋办公塔楼位于厦门市思明区环岛路与吕岭路交叉口西南侧，为超高层甲级写字楼，项目用地面积31087.46m²，占地面积19578.56m²，A、B栋办公塔楼计容总建筑面积104865.31m²，地上41层，地下3层，建筑总高度194m。

项目采取的主要创新技术有被动式外遮阳节能设计、高效的集中空调系统、雨水收集回用、土建装修一体化设计与施工、结构优化及轻质灵活隔断、智能化BA监控系统、绿色施工与管理等。项目科学合理地应用绿色技术，节约资源与能源，减少环境负荷，营造便利健康舒适的办公环境。项目于2016年获得美国LEED-CS金级认证，2017年获得第三批全国建筑业绿色施工示范工程，2018年12月获得绿建三星级运行标识，2020年获得厦门市绿色建筑财政奖励示范项目。

厦门中航紫金广场A、B栋办公塔楼实景图

幕墙外立面遮阳飘板实景照片

创新技术

1．被动式围护结构节能

项目玻璃幕墙采用断热铝合金+双银Low-E中空玻璃，结合设置326～747mm宽及不同角度的铝合金飘板外遮阳。项目围护结构热工性能设计指标满足《公共建筑节能设计标准》GB 50189的规定，A、B栋办公塔楼的建筑节能率分别达到53.27%、53.10%，外窗太阳得热系数比《公共建筑节能设计标准》GB 50189的规定提高幅度为20.42%～37.71%。该项目围护结构被动式的铝飘板外遮阳设计，具有技术上领先的绝对优势。

2．建筑全能耗控制

项目从设计开始，综合考虑围护结构被动式设计、照明节能控制、高效的空调系统、高效的电梯port系统，结合自然采光通风，进行全能耗模拟控制。

办公塔楼采用2台离心式冷水机组（制冷COP=6.22）和2台螺杆式风冷热泵机组（制冷COP=3.23，制热COP=3.25）进行夏季供冷，同时利用热泵机组兼作冬季供暖；所有冷热源机组能效均达到国家1级以上能效标准。集中空调采用离心机和螺杆机组合的方式供冷，耗能分配更节能合理。

办公楼空调新风采用转轮全热回收新风机组，且新风、排风通道设置旁通管路，过渡季节直接引进室外新风，关闭冷冻水供水管阀门。空调冷热水系统均为末端变流量两管制系统，采用节能空调水泵，水泵效率在80%以上。经统计，2019年1—12月份（入住率88%的情况下），办公塔楼空调、照明、办公、电梯总的耗电量为72kW·h/（m²·a），仍可以满足《民用建筑能耗设计标准》GB/T 51161中夏热冬暖地区A类商业办公建筑80kW·h/（m²·a）能耗约束值的标准。合理的耗电量是节能的具体体现，对于开发商、使用者、社会均有价值。

办公塔楼冷冻站实景图

裙房屋顶风冷热泵机组实景图

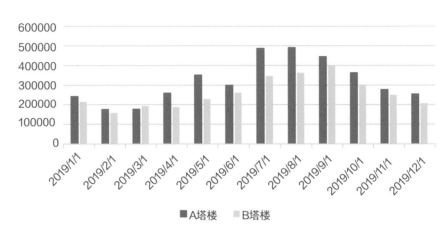

2019年度A、B栋办公塔楼逐月耗电量（单位：kW·h）

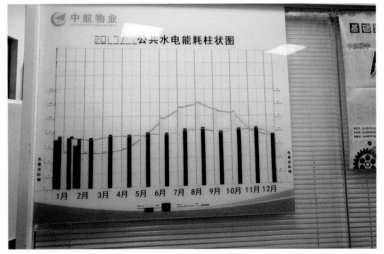

节能降耗图

幕墙可开启窗扇示意

3．可开启的幕墙开启扇，自然通风

目前，超高层全玻璃幕墙办公建筑，开启扇的高度普遍设置不合理，开启不够人性化，自然通风差。本项目幕墙可开启面积比例为5.58%和5.52%，幕墙可开启窗扇高度达1.1m，方便用户开窗通风，更新室内空气，降低污染物传播风险。

4．钢管柱结构体系及结构优化

项目通过对钢筋混凝土框架-核心筒和钢管混凝土框架-钢筋混凝土核心筒两个结构方案计算结果及优缺点的对比，综合考虑结构抗震性能、绿色环保、施工便捷性及施工时间等因素，最终确定了钢管混凝土框架-钢筋混凝土核心筒混合结构体系为实施方案，平面均为周边弧形的三菱柱形。外圈框架柱采用钢管混凝土柱，柱距约为10.5m；核心筒以外均采用钢-混凝土组合梁，钢主梁及钢次梁与核心筒剪力墙均采用铰接连接；核心筒外楼板为钢梁-普通混凝土板组合楼盖。符合绿建标准中定义的"采用资源消耗少和环境影响小的建筑结构"。

5．土建装修一体化设计及施工

大多数办公建筑在交付时仅预留空调出风口，室内基本是裸露的混凝土楼板。而该项目公共区域及办公室内均按土建装修一体化进行设计施工，在业主交付使用前，安装好网络架空地板，布置好风机盘管出风口、轻质隔墙抹灰，安装节能灯具，具备基本的办公条件，避免业主入住后进行大量的装修施工，带来材料的浪费及环境污染。

6．BIM设计施工

规划设计阶段BIM应用：基于BIM模型进行错漏碰缺、碰撞检查报告，三维管线综合，工程量统计，并提供相应的解决方案。

钢管柱结构主体施工实景图

施工阶段BIM应用：本工程运用Revit2013软件在项目开始实施逐步建立BIM模型，运用Navisworks2013软件对模型进行仿真展示、分析、交流。在地下室管线综合碰撞分析，塔楼强弱电井、水管井管线综合排布，空间管线综合布置分析，A、B塔楼施工采用液压爬模模拟交底，钢结构连廊提升工况分析等，均使用BIM三维模型动态展示分析。

专家点评

该项目创新采用被动式围护结构节能策略，通过采用铝飘板外遮阳装置实现围护结构的节能目标，并提高了建筑顶层房间室内环境舒适度。通过建筑全能耗控制设计对围护结构、照明、空调、电梯等用能系统进行模拟，充分优化提升了节能水平。项目积极践行"海绵城市"理念，在酒店裙房、集中商业裙房、可售商业街屋顶设置屋顶绿化，增加了雨水渗透量，达到了改善城市局部微气候的效果。作为夏热冬暖地区的超高层绿色建筑项目，项目针对所在城市高温度、高湿度的气候特征，创新采用了一系列绿色建筑技术措施，提高了项目运行效率，降低了运营维护成本。

办公室内装修竣工后实景图

7层物业室内办公场景图

液压爬模三维动画展示

BIM技术用于机电管线综合布置

珠海兴业新能源产业园研发楼

获奖情况

获奖等级：二等奖

项目所在地：广东省珠海市

完成单位：珠海兴业节能科技有限公司、住房和城乡建设部科技与产业化发展中心、珠海兴业绿色建筑科技有限公司、珠海中建兴业绿色建筑设计研究院有限公司、中国水发兴业能源集团有限公司、水发兴业能源（珠海）有限公司

项目完成人：罗多、李进、梁俊强、邓鑫、余国保、刘珊、张玲、曾泽荣、程杰、邬超、吴咏昆、刘幼农、劳彩凤、毛惠洁、张志刚、吴友焕、钟华锋、曾得雄、彭成泉、李颖雯

项目简介

珠海兴业新能源产业园研发楼位于珠海市金鼎工业区，建筑地下1层，地上17层，建筑总用地面积17825.62m²，总建筑面积为23546.08m²，建筑高度70.35m。由珠海兴业节能科技有限公司投资建设，是夏热冬暖地区首座集研发、办公、展示、科普功能为一体的绿色建筑三星设计、绿色建筑三星运行、LEED铂金、零能耗建筑。

项目研究开发了集通风、遮阳、光伏发电为一体的多功能幕墙、基于办公建筑重要负载永不断电的光伏智能微网、基于RFID感应技术的建筑设备末端三联控以及建筑能源系统调适及智慧运行管理等多项创新技术，建成了夏热冬暖地区最具有代表性的示范建筑，先后获得了G20国际双十佳建筑实践领域最佳节能实践、国际生态设计奖、珠海市科技进步奖二等奖等20余项奖项。

珠海兴业新能源产业园研发楼实拍图

创新技术

1. 针对近零能耗建筑项目开发了一种以能耗结果为导向的设计思维工具

建立"建筑能耗基因"模型判断拟建建筑实现"能耗目标"的技术风险、经济价值和社会效益，最终评价可行性。

利用XMind软件建立的"建筑能耗"和"空调能耗"为导向的思维关系图。

通过上述思维工具转化，将建筑能源（能耗）系统的整体设计能力变成通过以无限接近运行状态的仿真模拟策略形成具象的表格填空题，项目总结梳理了10

个专业方向共80余个影响因子，将各类"影响因子"进行归类表格化选择。

2. 开发出一种季节可控型集通风、遮阳、发电为一体的多功能光伏幕墙

光伏组件以45°倾斜于立面来接受更多的阳光，如何将光伏发电自升温导致的建筑额外热负荷转化为有益动力，是项目研究重点。利用CFD技术，对多功能光伏幕墙的关键节点进行计算机建模，分析光伏组件背部空腔的空气流动规律，对铝板穿孔位置和穿孔率进行优化，实现对自然风的有效利用。

在提高发电量的同时营造良好的室内热湿环境，其在窗台上的应用还改善了建筑的声环境，该技术经第三方评价达"国际先进水平"。

夏季
推拉装置关闭，上下穿孔铝板形成的烟囱效应，将光伏组件产生的热量排至室外。提高组件发电效率的同时，防止热量传入室内。

冬季
推拉装置打开，光伏组件加热的空气被引向室内，在发电的同时，为室内提供采暖和一定的新风量。

春秋过渡季节及夜晚
根据需要可进行自助调节，让建筑自然通风，自由呼吸。

通风装置进行自助调节效果图

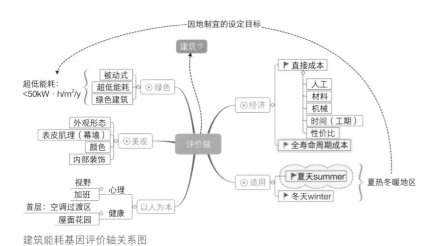

建筑能耗基因评价轴关系图

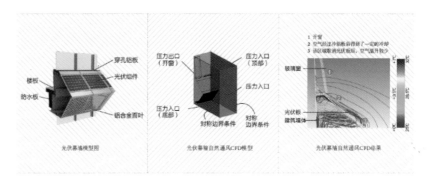

光伏幕墙模拟图

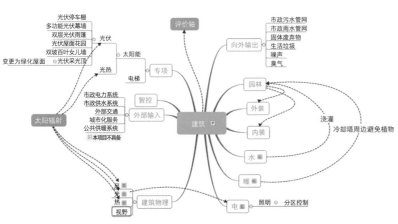

建筑能耗影响因子关系图

发明专利证书

3．建立了基于办公建筑行为节能的建筑智能化控制模型

主要研究内容包括：RFID技术在人员行为管理方面的研究、设备启停临界值"自学习"研究、基于人行为感知技术的建筑节能监控系统控制策略研究以及能耗监控平台的研发。通过上述一系列研究，满足使用人员对生活便利方面的要求。

首次利用RFID和OA协同管理技术与具备"系统自学习"功能的设备启停临界值界定法结合，精确地做到"人来设备启、人走设备停"的自动化运行，并创新提出"大比例"个性需求智能响应策略，满足90%以上使用人员在全年对环境服务质量的个性化舒适度需求的前提下，节约建筑能耗10%以上，该技术经第三方评价达"国内领先水平"。

另外，通过共享利用项目周边园区内的生活设施，使员工在建筑步行范围内拥有用餐空间、羽毛球馆、乒乓球场、台球室、健身房、舞蹈室、篮球场、足球场和游泳池，打造宜居宜业的生活便利空间。

4．研发了一种基于公共建筑重要负荷永不断电的智能微电网系统

开发了一套基于公共建筑重要负荷永不断电的智能微电网系统，实现光伏发电、储能、市电等多电源间的无缝切换，保证重要负荷的安全供电，扩大了光伏微网系统的应用领域和可靠性，获得"国内领先"的第三方评价。

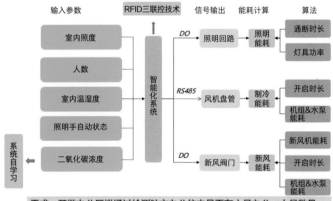

需求：开敞办公区拟通过检测独立办公位内是否有人员办公、人员数量、环境参数等，对照明回路、新风阀门、风机盘管进行精确控制，并能够计算出某个人的能耗。

基于人行为感知技术的建筑节能监控系统策略图

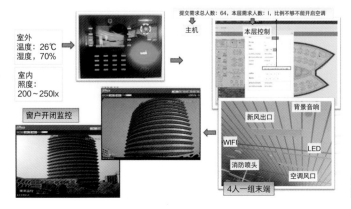

建筑节能监控系统运行示意图

建立了基于光伏直流供电的交直流混合微网平台，提升光伏在建筑中的使用价值和系统高效。

深度调适使空调系统高效运行，通过多场景、多形式的智慧运行控制策略，以及变频技术与BA系统的结合，实现空调系统的宽幅变频控制。最终系统能效比在空调主机（COP）6.0的基础上，SCOP超过4.8，比常规系统节能30%。

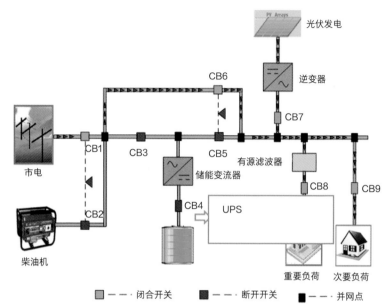

智能微电网系统拓扑结构图

5．对光伏直驱直流变频工业吊扇系统及"风压"和"热压"混合自然通风进行研究

夏季的光伏发电与风扇需求成正比，通过开发研制配电箱的切断开关，控制外网电源绝不参与独立系统供电但可接受多余光伏电量送电，实现无空调区DC-DC的全可再生能源驱动的机械通风系统高效可靠运行。

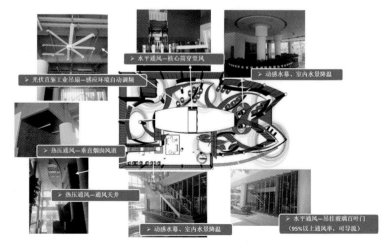

光伏直驱直流变频工业吊扇紫铜及"风压"和"热压"混合自然通风拆分图

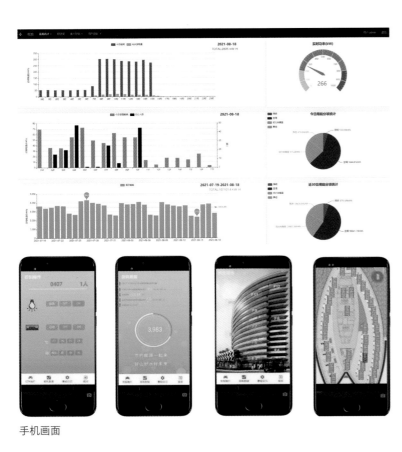

手机画面

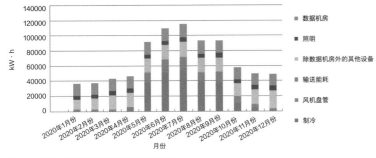

GreenYES统计期间能耗分项统计图

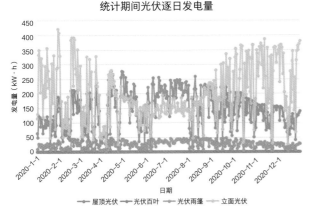

GreenYES统计期间光伏逐日发电量

6.建立了办公建筑能源管理系统,通过数据收集以及用户感受反馈实现建筑系统持续调适和运行管理优化

整体建筑将基于BP神经网络应用建筑能源管理系统,通过系统收集能耗相关数据,进行科学分析实现建筑能源管理数据化、可视化管理,最大程度提高建筑能源利用率,降低能耗,使得建筑始终处于相对平稳状态。

项目运行情况

项目的运行数据可通过公司自主研发的能耗监测平台上获取,目前该项目已出具2018、2019、2020三年实测能耗报告,也已经由第三方检测机构按照国标进行测评得出更具有说服力的运行数据及结论。

项目基准单位面积年能耗96.6kW·h/(m²·a)是根据《公共建筑节能设计标准》GB 50189-2015计算得出,项目设计单位面积年能耗50.25kW·h/(m²·a)为预期目标值,目前根据公司自主研发的能耗监测平台实测及第三方机构检测得知项目2018年单位面积年能耗为23.85kW·h/(m²·a),2019年为22.17kW·h/(m²·a),2020年为20.98kW·h/(m²·a);项目的各项性能如热工、隔声、采光等性能同样满足国标要求。

根据实际运行的调试情况,2020年1~12月建筑实际运行能耗为823459kW·h,基于全部建筑面积23546.08m²折算,单位面积能耗为34.97kW·h/(m²·a),其中暖通空调能耗约为14.50kW·h/(m²·a);照明能耗约为2.73kW·h/(m²·a);统计期间实际光伏发电总量为132675kW·h,若抵消太阳能发电量,则实际总净能耗(含数据机房)为29.34kW·h/(m²·a),再刨除数据机房等特殊用电,则实际总净能耗(不含数据机房)为20.98kW·h/(m²·a)。

兴业研发楼光伏发电系统由四大子系统组成,分别是屋顶光伏系统、百叶光伏系统、雨棚光伏系统、立面光伏系统,能耗监测系统实时监测每个系统的发电量。

统计期间,项目光伏发电量为132674.66kW·h,占总耗电量的16.11%。

专家点评

该项目融合了研发、办公、展示、科普等功能,整合了"集通风、遮阳、光伏发电为一体的多功能幕墙""基于办公建筑重要负载永不断电的光伏智能微网""基于RFID感应技术的建筑设备末端三联控"以及"建筑能源系统调适及智慧运行管理"等多项绿色低碳技术,建成了夏热冬暖地区具有代表性的绿色建筑。项目可实现光伏发电、储能、市电等多电源间的无缝切换,保证了重要建筑系统的供电安全。通过深度调适,提升空调系统运行效率,契合多场景多形式的建筑智慧运行需求,充分降低建筑运行能耗。

万科峰境花园

获奖情况

获奖等级：二等奖

项目所在地：广东省广州市

完成单位：广州市万融房地产有限公司、广州市万科物业服务有限公司、广东省建筑科学研究院集团股份有限公司、广州市喜城建筑设计顾问有限公司

项目完成人：李志伟、李孟生、周荃、巫琼、蒋秋实、劳剑、丁可、张耀良、宋健、黄蕊、余书法、关彩虹、钟国振、张昌佳、吴静文、黄志锋、叶喆、郑坚耀、邓东明、蔡剑

项目简介

万科峰境花园位于广州市白云新城板块白云大道南399号，距白云山仅一路之隔。项目占地面积24052m²，计容建筑面积93803m²，容积率3.90，绿地率30%。建设有A1-A10、B1-B3共13栋小高层、高层洋房，配套有物业管理、社区服务中心、居民健身场所、文化活动站、肉菜市场等设施。现居住户数786户，居住人口约2518人。该项目充分利用场地东侧的白云山绝佳天然景观资源，总体呈E字形布局，实现最大限度、最多住户能共享山景资源的围合式结构布局。塔楼可局部出挑观景平台，设计观景特色大户型，体现项目应有的高品质，是城央不可多得的绿色生态住宅。该项目获得国家三星级绿色建筑设计标识、广东省优秀工程设计二等奖、广州市绿色建筑示范工程等多个奖项。

万科峰境花园鸟瞰图

项目效果图

临街一侧商业广场实景图

创新技术

1. 废弃场地再利用

场地原为老白云机场油库。油库原有6个直径24m的储油罐。项目开始时完成了油罐的拆除工作，油罐附近未见明显的石油污染痕迹。之后在废弃旧址的基础上经过土壤检测、工程勘察、环境影响评估、清理平整后使之形成可用的住宅建设用地。

2. 场地环境优化

本项目建设场地位于丘陵地带，东侧靠近城市主干道白云大道，因此受交通噪声大、灰尘大等不利因素。项目在前期就开展了现场噪声测试、通风采光等模拟分析，对建筑方案进行了多次优化比选，最终在总体规划上另辟蹊径地呈现E字形半围合式的设计布局，既让更多的房子享受白云山风景，又有利于噪声在建筑表皮散射，同时在东侧布置一个花园及商业广场形成噪声缓冲带，能有效阻挡来自白云大道一侧的交通噪声。置身在小区内能感受到声环境质量良好，闹中取静。

本项目在确定总体布局呈E字形半围合式的设计布局后，前期通过通风模拟分析发现场地风环境对流性较差，为保证整个小区内部微环境通风对流，建筑牺牲在低层多布置住户空间和牺牲经济性的考量后，对围合一侧设置了高大架空区域，构建两条主通风廊道和若干条次通风廊道，保证了对流通风，引到东南风，整个场地内冬暖夏凉，让生活处处有鲜氧。

3．立体森林（垂直绿化、空中花园、屋面绿化）

本项目为立体绿化园林居住社区。学习新加坡等花园城市建筑理念，景观园林设计具有丰富层次，除了地面花园，在露台、外立面、公共出挑阳台、屋面都有树木花草覆盖。在住宅楼各面外墙利用外伸金属杆件，通过种植攀爬植物形成水平及垂直交错的绿化系统，使项目呈现出立体花园的形态，绿化覆盖率达到60%。

4．节能环保（集中新风系统、全装修交付、抗甲醛涂料）

本项目户型设计秉承了万科一贯的方正实用作风，两梯四户。通过被动式设计，拥有优良的通风采光，每四层还附带一个观山露台。同时本项目所有户型均配置新风系统。在新冠肺炎疫情期间，为居家隔离的人们不用频繁开窗也能享受到白云山上吹来的新鲜空气，保持室内空气的清新健康。

垂直绿化实景图

爬藤绿植实景图

空中花园实景图

小区内部游泳池实景图

每年三、四月份均是南方地区典型的梅雨季节，空气湿度大，导致墙体受潮发霉现象严重。本项目户内涂料采用立邦抗甲醛防霉内墙涂料QB-461。产品含天然硅藻土，配合分解甲醛技术，有效分解室内空气中的甲醛，同时防霉抗燥，有效提高室内的空气品质，时刻专注住户的健康生活。

本项目实现土建与装修一体化设计施工，选用了更为人性化的装修方案。中央空调和新风系统则让全屋每一个角落均保持适宜的温度和干净的空气；中空玻璃能营造静谧惬意空间，保证居民生活的舒适。

专家点评

该项目场地原为老白云机场油库，经检测、评估和整理后形成住宅建设用地，是褐地开发利用的典型代表。在设计中整体考虑进行优化，通过总图布局优化建筑环境，通过设置高大架空层获得场地良好通风。采用垂直绿化、空中花园和屋面绿化等方式，建造绿化率高达60%的立体花园，同时起到遮阳和隔热效果。采用土建装修一体化设计施工，减少材料消耗，降低装修成本。采用集中新风系统和功能性室内涂料，提高室内空气品质。在运行过程中，通过高效的物业管理使设备合理地运行，实现节能75%的目标，为使用者提供健康、适用和高效的使用空间。

小区内部绿化实景图

小区内部景色实景图

岗厦皇庭大厦

获奖情况

获奖等级：二等奖

项目所在地：广东省深圳市

完成单位：深圳市皇庭房地产开发有限公司、深圳市
皇庭物业发展有限公司皇庭中心分公司、深圳市幸福
人居建筑科技有限公司

项目完成人：姚占派、张可平、吴海兵、姚大钟、彭鸿
亮、洪文斌、彭标、彭孝田、米柯

项目简介

岗厦皇庭大厦位于深圳市福田区福田街道岗厦社区福
华路350号，总用地面积为7891.8m²，总建筑面积为
166577.64m²，结构形式为塔楼钢筋混凝土框架−核
心筒结构，其余为框架结构。建筑高度为249.98m，
层数为地下4层，地上54层。地下1层有部分商业并
且连接会展中心地铁站，与地铁站无缝对接。项目
主要功能为集商业、办公为一体的超甲级写字楼。项
目获得了国家绿色建筑三星级运营标识认证、全国建
筑业绿色施工示范工程、绿色物业优秀项目、优秀照
明节能工程单位奖、BIM应用"最佳拓展应用奖三等
奖"、机电推广应用奖等。

岗厦皇庭大厦现状图

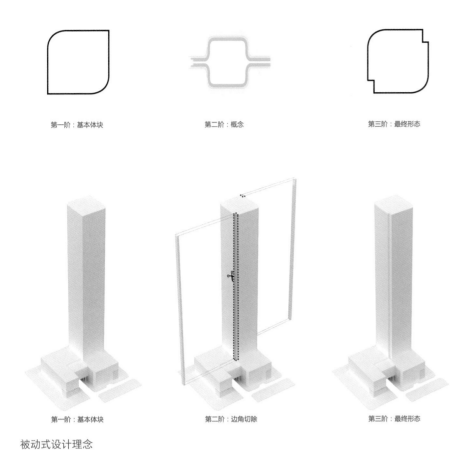

第一阶：基本体块　　　第二阶：概念　　　第三阶：最终形态

第一阶：基本体块　　　第二阶：边角切除　　　第三阶：最终形态

被动式设计理念

创新技术

1．被动式设计优先

建筑设计考虑岭南气候特色，点式、高低布局，最大限度利用自然采光通风，设置架空层，场地风环境更舒适；塔楼四角圆弧处理，降低风阻；幕墙设置可开启部分，可开启面积比超过10%。

在裙楼屋顶架空部位设置屋顶绿化，最低处覆土0.6m，屋顶绿化面积2528.1m²，屋顶可绿化总面积4061.2m²，绿化面积比例为62.25%。屋顶绿化蓄存部分雨水，有效降低了屋面的雨水径流量，净化微气候环境，同时，给员工带来美好的休闲游乐场所。

2．主动节能技术的应用

用冰蓄冷空调+VAV变风量系统：地下室商业公区、裙房中庭回廊采用全空气系统，过渡季节新风比不小于50%。考虑后期运行节省费用，采用了冰蓄冷空调系统，蓄冰率为68.42%，减轻市政供电压力，空调运行季按270天计算，蓄冰系统比常规系统节省运行费用合计（128+51）=179万元，经过3.9个空调运行季，即可收回投资。办公部分采用VAV系统；地下室商业公区、裙房中庭回廊采用全空气系统，过渡季节新风比不小于50%。

屋顶绿化

冰蓄冷系统

VAV变风量控制界面

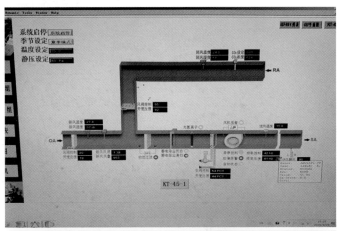

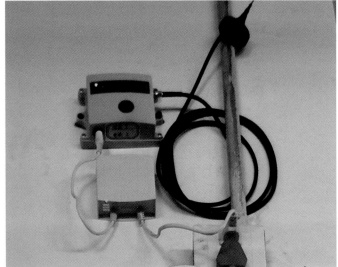

CO、室内环境检测系统

低温冷凝水补水提高冷却塔效率：项目用于空调冷却塔的年补水总量为4992m³，其中低温冷凝水补水量为1300m³，占到了空调冷却塔补水量的26.37%；同时回收了冷凝水的冷量，解决了夏季冷却塔水温过高的问题，提高了冷却塔的冷却效率。

雨水收集及空调冷凝水回收利用系统：通过收集屋面雨水以及空调冷凝水系统，用于项目绿化、景观、地面冲洗以及冷却塔补水，项目年非传统水源利用量为9536t，总用水量为118018t，绿化、浇洒及冷却塔补水非传统水源利用率为8.08%。

3．健康、舒适的室内环境

CO监测装置：项目在地下车库每个防火分区均设置了CO监测系统，并与排风系统联动。根据地下车库内CO浓度进行排风，避免无用排风导致的能源浪费。系统功能：自动检测地下车库各防火分区CO浓度。彩屏显示各检测点CO浓度，可自动识别各检测点工作状态。CO浓度超标时自动启动防火分区排风系统，浓度正常时自动关闭。多组开关量，可根据不同CO浓度控制多组风机。

CO_2监测装置及空气净化处理措施、室内空气污染物监测联动：项目在办公区域设置有CO_2实时监测装置，并与新风系统联动。项目在办公区域设置有TVOC实时监测装置，并与新风系统联动。空气过滤：采用静电除尘设备，净化效率高，能够捕集0.01μm以上的细粒粉尘。空气净化：能迅速有效杀灭空气中超过99%以上的细菌、病毒和霉菌，并分解空气中的VOC化学气体、异味；沉降可吸入颗粒物。净化完成后有害物质转变为水和CO_2，无任何化学残留物质，不产生二次污染物。

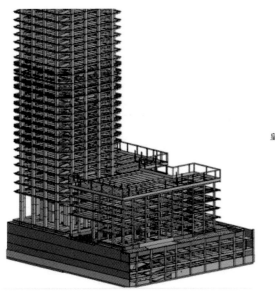

BIM技术的应用

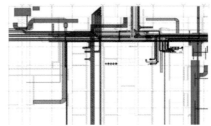

皇庭大厦机电预留埋技术交底

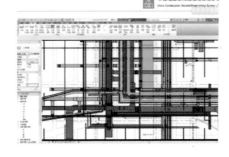

4．设计和施工阶段BIM管理

虚拟施工、方案优化：运用三维建模和建筑信息模型（BIM）技术，建立用于进行虚拟施工和施工过程控制、成本控制的施工模型，结合虚拟现实技术，实现虚拟建造。通过BIM技术，保持模型的一致性及模型信息的可继承性，实现虚拟施工过程各阶段和各方面的有效集成。其次，模型结合优化技术，身临其境般进行方案体验、论证和优化，以提高施工效率和施工方案的安全性。

5．绿色环保宣传

建立绿色教育宣传，编制绿色设施手册。节能环保要求写入绿色物业管理协议，不定期开展客户满意度调查。

专家点评

该项目针对岭南气候特征，创新采用了"被动优先+主动优化"的设计策略，最大限度利用天然采光、自然通风，并采用了主动节能技术，在营造健康舒适室内环境的同时，有效降低运行能耗。采用高效的冷却塔设备达到了节约水资源的效果。通过有效节约能源资源效益，缩短了项目投资回收周期，具有较为明显的经济效益。此外，项目较为注重绿色环保宣传，并将可持续运行的理念深植物业管理之中，编制了绿色设施手册，同时将节能环保要求写入绿色物业管理协议，具有较好的社会效益和推广示范作用。

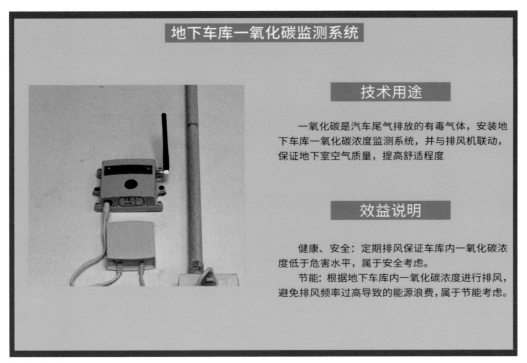

绿色环保宣传

万科滨海置地大厦

获奖情况

获奖等级：二等奖

项目所在地：广东省深圳市

完成单位：捷荣创富科技（深圳）有限公司、深圳万物商企物业服务有限公司、深圳万都时代绿色建筑技术有限公司

项目完成人：叶义凯、胡爽、郑晓玲、何浪、胡林、苏志刚、陆莎、闫瑾、王波、熊嘉平、张占莲、周友、郑紫彤、伍雨佳、陈威、张志锋、朱振涛、刘卿卿、李善玉、黄武东

项目简介

万科滨海置地大厦位于深圳市福田区泰然八路与泰然九路交界处，南依滨河大道，紧邻地铁9号线下沙站，是超高层办公（产业研发）楼。建设总用地面积为5775.05m²，总建筑面积为81495.23m²；建筑总高度为153.7m；地下4层，地上34层，地下1层、2层为商业和设备房，地下2层与在建地铁相接，地下1层与东侧在建商业相接；地下3、4层为车库和设备房，地上1~6层为商业裙房，7层及以上为产业研发用房办公。项目于2015年12月开工，2018年12月28日竣工，2019年8月份正式投入运营。

深圳万科滨海置地大厦是首个5A甲级写字楼，项目精准呈现万科集团"引领行业真绿"理念，在建筑设计和性能体验上均有重大突破！科学应用绿色技术，节约资源与能源以减少环境负荷，营造健康舒适的办公环境。项目于2018年5月获得三星级绿色建筑设计标识认证；2020年12月通过美国LEED-CS金级认证；2019年度深圳市绿色建筑示范项目共计30多个项目申报，最终通过专家评审的项目仅有6个（本项目是其中之一）。运行一年后，项目于2020年6月通过专家复审，并获政府财政节能发展专项资金补助约200万元。

万科滨海置地大厦实景图

下沉广场及现场采光实景

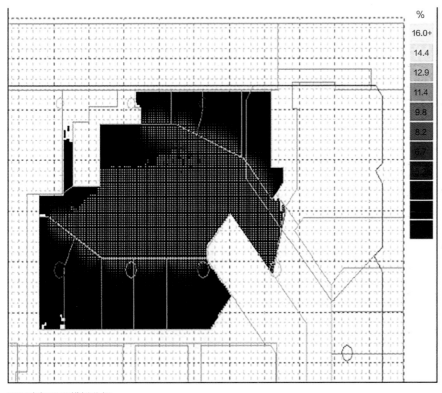

下沉广场采用模拟分析

创新技术

1．采光通透

裙房商业在1层、2层架空处理，架空层设有下沉广场和地下城市公共通廊，其采光效果良好，满足采光要求的面积比例达到14.51%。

2．交通便利

地下商业负2层无缝衔接地铁9号线下沙地铁站，亦可通往周边多个公交站点，便于出行。

3．围护节能

采用实墙与玻璃面对半分的45°锯齿形幕墙立面，经模拟分析，幕墙选用双银中空超白玻璃8+8+12A+10，可见光透射比0.56，主要功能房间采光系数满足采光要求面积比例达97.99%，节省照明能耗；外围护立面设有开启比例达16.71%的多孔可开启扇，在自然通风状态下，室内平均自然通风换气次数不小于2次/h的面积比例达100%，有效减少空调能耗。

城市公共通道

地铁连接通道

锯齿形立面细节

室内自然采光

自然通风可开启窗

室内空间布置

屋顶绿地

4．可变空间

通用开放、灵活可变的室内空间设计，办公区采用GRC预制墙板，可重复使用的隔断（墙）比例达到95.6%。

5．海绵植入

雨水花园采用与架空平台结合的方式，下凹深度200mm，共设置189.48m²，占整个地面绿地面积的30.11%；透水铺装地面面积为940.97m²，比例为55.68%。通过雨水花园、透水铺砖、雨水收集等低影响开发方式增大入渗量和蓄积量，实际雨水控制量为228.42m³，大于目标控制容积187.80m³，年径流总量控制率达到80%。

6．环保太阳能

建筑屋面布置664块光伏板，共1067.18m²，系统总装机容量179.28kW，日均发电量558kW·h，通过并网箱接入低压配电柜供公共照明使用，太阳能利用率达3.83%。太阳能光伏板架空安装，采用ϕ14mm钢丝绳，分别固定于核心筒结构墙及幕墙结构梁，通过花篮螺栓收紧作为主龙骨，组件安装檩条固定于钢丝绳上。架空的光伏板在不影响发电效率的同时，可为屋面提供遮阴，减少屋面得热，降低顶层空调负荷。

雨水花园

屋顶太阳能光伏板实拍

雨水站实拍

7．非传统水源利用

雨水站蓄水池容量为200m³，清水池容量为20m³。雨水站主要收集屋面雨水末端集水井雨水以及空调冷凝水，经处理消毒后回用于区内地面及裙房屋面绿化浇灌及部分冷却塔补水。经统计，全年雨水站收集量为2507m³。

8．BIM系统

利用BIM技术对设计、施工进行全方位应用。本项目BIM技术应用主要包括建立施工阶段各专业BIM标准、实施大纲、工作流程；BIM模型（建筑、结构、机电）搭建及更新维护，机电模型的管线综合及优化设计，应用BIM技术实施现场进度、质量管理、安全管理等；工程竣工时会同项目档案提交LOD400级竣工模型进行电子集成化交付；提交物业运维所需要的BIM基础数据，并提供软件及专项培训等。运行阶段，采用BIM三维可视化综合运维管理平台，为物业管理人员提供一个高度整合、数据可视、操作便捷、管理高效的运维管理平台。平台分为安全防范、机电管控、能耗管理、空间管理、信息发布和区域管理六大模块。

专家点评

该项目创新性融合了建筑、结构、机电、建筑物理、信息化等多专业绿色建筑技术。通过底层架空处理，采用锯齿形幕墙立面增加了采光和自然通风面积，可有效节省建筑照明和空调能耗。海绵设计中植入雨水花园、透水铺砖、雨水收集等低影响开发方式增大雨水入渗量和蓄积量。综合应用光伏发电和被动隔热措施，减少屋面得热，降低顶层空调负荷。通过BIM技术实现建造全寿命周期的信息化管理，运维管理中建立了BIM三维可视化综合平台，实现了资源管理、信息服务和智能体验目标，营造便利、健康舒适的办公环境。

BIM可视化运维平台屏幕

海口市民游客中心

获奖情况

获奖等级：二等奖

项目所在地：海南省海口市

完成单位：海南华侨城市民游客中心建设管理有限公司、中国建筑设计研究院有限公司、中建三局集团有限公司

项目完成人：崔愷、康凯、蔡昌平、杜鹏飞、李长、曹玉凤、朱巍、陈在意、林海、史杰、杨东辉、秦长春、郭丝雨、王明竟、胡时岳、白雪涛、王龙龙、颜聪聪、胡其文

项目简介

海口市民游客中心位于海南省海口市滨海公园内，用地面积3.92万m²，建筑面积2.98万m²，地上4层，地下1层，建筑功能包括12345热线、城市管家、城市警察、智慧城市等，侧重于城市特色文化、城市规划、城市旅游发展、特色旅游资源、旅游推广等展示。该项目创新性地采用了结合环境的建筑形体生成策略、适合海南气候特色的绿色建材、装配式木结构体系建造等创新技术，打造了一个真正绿色、开放、可循环利用的新式公共建筑，并成为海口市新的城市名片。该项目取得二星级绿色建筑设计标识，曾获得工程建设项目设计水平评价二等奖、2018—2019年度国家优质工程奖等奖项。

游客中心融入自然环境

建筑形体生成分析图

游客中心提升周边城市品质

创新技术

1. 结合环境的建筑形体生成策略

通过新建建筑，整合城市及沿湖空间，达到城市修补的目的。最大限度地保留了公园内部的山体景观，建筑沿山体布置，减少土方量，形成跟山契合、与水环抱的建筑姿态。木结构以其独特的表现力，形成高低错落的屋顶，与朝西布置的实体建筑共同起到遮阳作用，同时沿主导风向形成若干通风廊道，结合景观水系，提高通风效果，有效降低室内空气温度，最大限度减少空调使用，节约能源。东侧建筑减小体量，嵌入山体，内部形成富有海口特色的骑楼空间。

在空间布局上，结合内部使用功能对局部公共空间进行必要的封闭，保留多样化的檐下半室外活动空间，为市民举办丰富多彩的文化交流活动提供了不同类型的使用空间，拉近了建筑与市民的距离。

木结构屋面与自然景观

内街水系

市民活动

木结构工厂预拼装

屋面拼装过程

木屋面与火山岩

2．采用适合海南气候特色的绿色建材

项目就地选用极富海南地域特色的火山岩作为建筑室内外主要立面材料之一，在地面景观铺装中使用密度较高的玄武岩与之形成呼应。火山岩与传统石材相比具有更低的放射性，运用当地传统铺贴工艺，在展示海口地域文化的同时，节约材料运输成本，实现建筑材料的绿色应用。充分利用红雪松耐高盐腐蚀、防白蚁、轻质、便于运输等特点，营造出舒适的半室外空间。

3．采用装配式木结构体系建造

屋面结构体系是国内木结构工程中最大、最复杂的弧形木梁屋面结构，使用的胶合木双拼弧梁的长度最长达到58.8m，是国内最长的弧形木梁。在设计过程中通过数字化控制，保证生产、安装的精度，避免材料浪费，确保施工安装准确无误。木结构屋面施工采用装配式方法，工厂预拼装，现场吊装，避免现场湿作业。这得益于数字化控制及预制装配体系，完成效果及质量得到了很好的控制，整体木结构屋面施工仅耗时三个月，大大提高了施工效率，并对木结构的使用和推广具有示范意义。

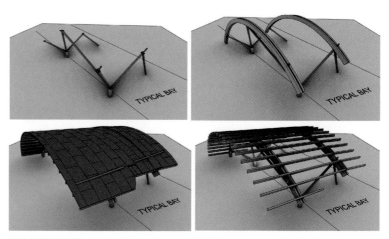

参数化设计过程

木屋面檐下活动空间

游客中心嵌入景观山体

大厅夜景

专家点评

该项目在空间布局上，结合内部使用功能对局部公共空间进行了必要封闭，保留多样化的檐下半室外活动空间，为市民举办丰富多彩的文化交流活动提供了场所，拉近了建筑与市民的距离。采用木结构，以其独特的表现力，形成高低错落的屋顶，营造出舒适的半室外空间，与西向建筑共同起到遮阳作用，同时沿主导风向形成若干通风廊道，结合景观水系，提高通风效果，有效降低室内空气温度。建筑材料选用了适合海南气候特点的红雪松，具有耐高盐腐蚀、防白蚁、轻质特性，同时还应用了火山岩、玄武岩等地方特色建材。建造方面采用数字化控制及装配式木结构体系，工厂预拼装，现场吊装，避免现场湿作业，大大提高了施工效率。项目充分遵循了热带海洋气候与项目场地特点，体现了绿色建筑因地制宜的建设原则。

四川省建筑科学研究院有限公司科技楼改造项目

获奖情况

获奖等级：二等奖

项目所在地：四川省成都市

完成单位：四川省建筑科学研究院有限公司

项目完成人：刘霜艳、高波、倪吉、于佳佳、赵干荣、周正波、王文萍、苏英杰、王德华、于忠、郭阳照、李阳、张利俊、陈红林、朱晓玥、杨晓娇、周耀鹏、廖江川

改造前后大厅对比

项目简介

四川省建筑科学研究院有限公司科技楼位于四川省成都市一环路北侧，为既有建筑改造项目，原大楼设计于1985年，经加层、加高、增加副楼及地下室改造后，总建筑面积由原来的0.81万m²增加到1.55万m²，建筑功能为办公及配套用房。

本项目从"延续建筑、节约资源、友好环境、提高效率"展开思考，以资源"共享、平衡"为设计原则，因地制宜地采用了被动、主动式节能技术、BIM技术、空气质量在线监控、加固及消能减震、新风热回收、集成智能化等一系列绿色建筑技术措施，使其成为一栋承载着建科院发展历史，留存一代代建科人工作印记，连接过去与未来的建筑。

本项目是西南地区首个取得三星级运行标识的既有建筑绿色改造项目，项目是"十三五"国家重点研发计划绿色建筑及建筑工业化重点专项科技示范项目、四川省科技计划重点研发项目绿色建筑运行性能提升关键技术及应用研究示范项目。项目荣获了2020年度全国绿色建筑创新奖二等奖，华夏好建筑示范项目称号，超低能建筑认证以及成都市绿色低碳示范单位等荣誉。

四川省建筑科学研究院有限公司科技楼改造

创新技术

1. "融旧纳新，旧由新生"的空间再造策略

既有建筑项目的绿色改造不是使用一些技术、更换了设备这么简单，它是绿色技术的运用与建筑、环境的对话过程。通过绿色改造能延续建筑的功能、场地的地景、情感与故事，赋予旧建筑新的活力。

通过对各种形体的室外风环境模拟，我们将主楼形态扩建成了凹向主导风向的弧形形体，为室内自然通风创造了条件。既有建筑主体结构完全保留，扩建部分包裹并局部裸露原有主体，这种由内而外的镶嵌生长关系自然而适用。外立面保留原弧形的水平条窗结合现外遮阳和垂直绿化设计。新增副楼椭圆形设计与主楼契合形成一个有机整体。通过功能空间改造改变了原有内向封闭、错综杂乱的办公空间，引导了人们行为交往及日常办公模式。

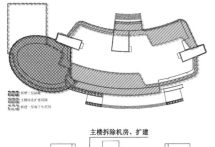

科技楼改造示意图

科技楼功能流线图

2. 综合运用结构抗震技术提升建筑安全性能

本项目是一个既加层，又增跨，更兼扩建的高、特、难项目。主楼结构加固中，通过将既有纵向剪力墙改造为阻尼开缝减震墙并结合横向设置屈曲约束支撑，控制结构的扭转效应，减小结构两个主轴方向的动力特性差异，提升结构整体性能。通过消能减震技术应用，有力提升了结构的防震安全水平。采用基于性能的抗震评估方法（PBSE）指导加固设计，分析结构在地震作用下的动力响应和弹塑性发展过程，采取针对性的加固措施，实现对结构抗震性能科学、准确的评估，大大节约了加固成本和建设工期。新建副楼采用基础隔震技术，并采用基于高精传感采集模块实现对基础隔震的副楼全寿命周期实时监测，捕获其在强震作用下的动力响应。

3. 利用经济适用性技术实现建筑全寿命周期资源节约

通过优化围护结构节能设计，热工性能提升45%，基于风环境模拟得出的建筑形态有效引导室内自然通风，成为过渡季室外"免费冷源"。通过风冷热泵空调系统替换原来低能效分体空调，节约能耗约25%。设置新风热回收系统，可节约70%~80%新风能耗。屋顶设置装机容量为15kWp的薄膜太阳能光伏发电系统，全年实际发电量约为1.1万kW·h。部分会议室安装空调MSPD控制系统来感知房间人员的存在与否并进行自控，有效杜绝空调在无人状态下长时间开启，从而节约能源。对建筑原有的楼面、栏杆、木门、木地板等实现了最大程度地保留和拆除加工再利用，实现材料目的。室外通过透水铺装、屋顶绿化、设置雨水回收系统等方式增加场地雨水渗透。绿化采用"微喷灌+滴灌"的节水灌溉方式应用于不同场景。

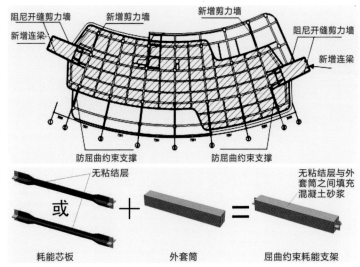

结构改造技术

太阳能光伏发电

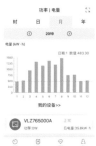

太阳能发电量
显示界面

基础隔振技术

垂直绿化

屋顶绿化

4．室内物理环境及空气品质提升技术

室内采用PVC地胶地面或木地板地面，有效提高楼板撞击声隔声性能，南侧外遮阳+反光板技术引导室内天然采光，增加室内照度均匀度。副楼设智能活动遮阳设施，可根据光线变化自动调节遮阳角度。地下室设备用房利用隔震沟自然采光，减少照明能耗。设计屋顶绿化+垂直绿化，调节建筑微气候环境的同时营造良好的景观视觉效果。设置空气质量监控系统实现对室内温度、湿度、CO_2浓度、PM2.5、TVOC等在线监测并联动控制新风系统开启，结合HEPA过滤器及出风口光触媒杀菌过滤装置，全面提升室内空气品质。

5．建筑能源智能管理系统

大楼设计楼宇自控系统，对空调与通风系统，给水排水系统，电梯系统的运行、安全状况，实行自动监视、测量、程序控制与管理，降低设备运行故障率及运行维护费用。对各部门用电、用水、用热、用冷量数据分项、分类计量与分析，实现建筑物的节能高效运行、内部的用能考核及行为节能。公共区域及报告厅综合运用定时控制、场景控制、调光控制、红外感应控制、照度传感器控制，大办公室实现分区、分组控制等模式实现照明节能。

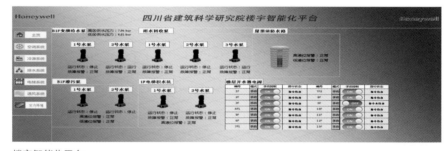

楼宇智能化平台

室外绿化微喷灌

可调节外遮阳

6．绿色技术科普展示平台

项目作为四川省绿色建筑与既有建筑性能提升科普基地，通过参观科技楼三星级绿色改造综合展示平台及特色实验室、专职人员讲解及智能机器人讲解、VR体验、绿色科普宣讲等方式，集中展示科普建筑绿色性能关键技术与产品、重点示范工程、专业试验室及典型试验过程等内容。截至目前已累计接待政府领导、同行专家学者、高等院校学生上万余人次，推动了绿色建筑特色技术在四川省绿色改造中的应用，成为城市更新标杆，具有普遍推广应用价值。

绿色改造综合科普展教平台

四川省建筑科学研究院有限公司科技楼改造项目实景

专家点评

该项目作为西南地区首个获得三星级运行标识的既有建筑绿色改造项目，因地制宜地采用了被动式、主动式节能技术，BIM技术，空气质量在线监控，加固及消能减震，新风热回收，集成智能化等一系列绿色建筑技术措施。在保留原建筑风貌特色，延续原有建筑的功能，融入先进绿色技术等方面作出了成功的尝试。

腾讯成都A地块建筑工程项目

获奖情况

获奖等级：二等奖

项目所在地：四川省成都市

完成单位：四川省建筑设计研究院有限公司、腾讯科技（成都）有限公司、深圳市建筑科学研究院股份有限公司

项目完成人：涂舸、贺刚、熊林、刘新发、唐元旭、姚坤、王家良、陈银环、邹秋生、吴婷婷、幸运、梁义婕、付韵潮、杨艳梅、刘萍、张晓辉、刘富勇、刘鹏、陈益明、肖雅静

项目简介

腾讯成都A地块建筑工程项目为腾讯公司西部地区运营总部大楼，位于四川省成都市高新区，用地面积1.5万m²，总建筑建筑面积9.41万m²。

项目设计初始就秉持绿色发展的理念，结合腾讯高科技企业的企业文化，在智慧、绿色、生态方面做出了多项创新。项目采用回字形布局与连续退台、底层架空设计，形成连续均质分布的室外景观空间，为使用者提供丰富的共享空间，同时，将建筑设计与适宜本地的绿色建筑技术结合，注重使用者舒适度，降低建筑的使用能耗。本项目通过绿色建筑二星级设计与评价标识认证、LEED-NC金级与LEED-EB铂金级认证。曾获行业优秀勘察设计奖优秀建筑结构、电气、水系统工程奖，四川省优秀工程勘察设计项目绿色设计、电气设计、给水排水设计一等奖。

腾讯成都A地块建筑工程项目实景图

创新技术

1. 绿建理念指导建筑有机生成

为体现腾讯互联网企业绿色生态+智慧的特点，项目在体量生成阶段就将绿建理念融入其中。放弃140m限高，压低高度，减少楼层，充分利用密度许可的覆盖面积。建筑采用回字形布局，引入尺度宜人的庭院空间。减小室内空间进深，改善自然通风采光条件，提供内向的景观。配合日照需求，建筑形成层层相向退台，面向城市提供多层次的休闲绿化平台。底层架空，释放地面空间，形成开放入口广场。大尺度架空广场，将空间融入城市，绿地率达到近30%。

2. 按"需"设计的绿建技术选择

在绿建技术选择方面，根据夏热冬冷气候特点及项目实际情况，本项目摒弃大量高成本绿建主动式技术堆砌的做法，以"人的需求"+"环境需求"+"企业需求"三大需求为出发点，选择适合本项目自身特点的绿建措施。

利用建筑布置形成更多的多层次开放空间与宜人舒适的办公环境，同时，首层设置19个光导管，改善地下室采光，对场地进行低影响开发。

项目利用BIM技术作为辅助设计应用于日照分析、风场环境分析、建筑表皮分析、综合管线设计及工程造价分析等，并采用声学专项设计、室内采光模拟及优化等常规绿建技术。

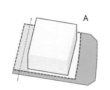

1 放弃140m限高，压低高度，减少楼层，充分利用密度许可的覆盖面积。
建筑西侧用地保持与西侧建筑良好关系，并利于交通组织。

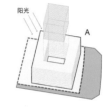

2 建筑采用回字形布局，引入尺度宜人的庭院空间。减小室内空间进深，改善自然通风采光条件，提供内向的景观。

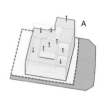

3 配合日照需求，建筑形成层层相向退台，面向城市提供多层次的休闲绿化平台，改善内院空间品质。

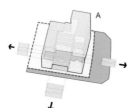

4 底层架空，释放地面空间，形成开放入口广场。大尺度架空广场，将空间融入城市，绿地率达到近30%。

5 主要屋顶平台设置维护幕墙，按照空中院落设计，创造公共休闲区，并为立面效果创造良好条件。

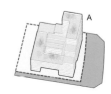

6 柔化建筑转角，是建筑形态和空间感受更加流畅。

空间布局与形体演化

"需"

人的需求 亲近自然
- 回字形布局
- 尺度宜人庭院空间
- 改善自然通风采光条件
- 提供内向的景观
- 提供丰富的室外共享空间

环境需求 贡献环境
- 低影响开发理念
- 室外透水地面、屋顶绿化
- 降低地表径流
- 改善室外场地微气候
- 降低热岛效应

企业需求 智能运营
- 中水系统
- 用电监测
- 能耗监测
- 楼宇设备监控系统（BAS）
- FM管理系统

BAS+FM智慧化管理

项目室外空间

首层光导管

低影响开发

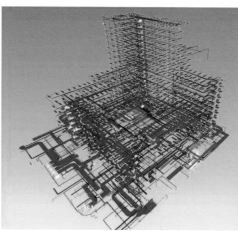
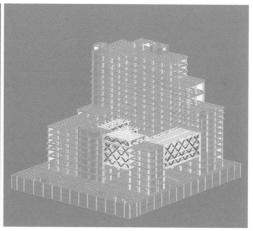

BIM技术

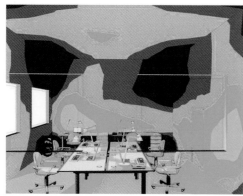
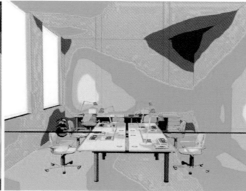
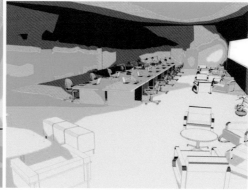

室内采光模拟及优化

3.FM+BAS智慧管理系统

本项目为成都地区首批采用智慧管理系统的办公楼,主要包括楼宇设备监控系统(BAS)和腾讯FM管理系统。直接数字控制技术,对全楼的供水、排水、冷水、热水系统及设备、空调设备及供电系统和设备进行监视及节能控制。腾讯自主研发物业运维管理系统,应用信息化手段进行物业管理,建筑工程、设施、设备、部品、能耗等档案及记录齐全。

FM+BAS智慧管理系统

专家点评

该项目设计方案充分考虑腾讯互联网高科技企业绿色生态+智慧的企业文化特点，将绿色建筑理念融入建筑设计中。项目主要具有以下特点：一是采用回字形布局与连续退台、底层架空设计，形成连续均质分布的室外景观空间，将空间融入城市，为使用者提供丰富的共享空间。二是按照场地低影响开发理念，利用BIM技术作为辅助设计应用于日照分析、风场环境分析、建筑表皮分析，选用适宜的绿色建筑技术。三是通过腾讯FM管理系统+楼宇设备监控系统（BAS），对全楼的供水、排水、冷水、热水系统，空调设备及供电系统进行监控，开展办公楼的智慧运维和智慧管理，为使用者提供舒适的办公环境。

项目实景图

舒适的室内空间

中联西北工程设计研究院科技办公楼

获奖情况

获奖等级：二等奖

项目所在地：陕西省西安市

完成单位：中联西北工程设计研究院有限公司

项目完成人：倪欣、刘涛、邢超、梁润超、席巧玲、薄蓉、赵勇兵、
李欣、王福松、刘海霞、覃夷简、史光超、郑琨、来勇攀、费威克、
王翼、龚瑛、薛超、董赢政、刘哲序

项目简介

中联西北工程设计研究院科技办公楼位于陕西省西安市高新技术开发区，总建筑面积63645m²，容积率3.5，建筑节能率74.65%，可再生能源利用率100%，非传统水源利用率41.19%，可再循环建筑材料用量比10.77%，透水铺装面积比为46.6%，是集科研办公、会议培训、服务中心、活动交流等为一体的企业总部办公建筑。

中联西北工程设计研究院科技办公楼实景图

2层通高花园8个
西北侧

屋顶花园

2层通高花园9个
西南侧

2层通高花园8个
东南侧

2层通高花园10个
东北侧

屋顶花园

绿化平台

屋顶花园

4层通高生态大堂

绿色生态花园办公

建筑综合遮阳系统

创新技术

1．绿色生态花园办公关键技术

项目力求以绿色生态花园的植入手法改变传统单调的办公环境模式，营造人与人轻松交流的"绿色磁场"，打破传统办公场所狭窄局促的交流环境，营造轻松人性化的职场氛围，创建自然诗意的新型绿色办公乐园。

通过绿色空间的高大化、多元化、人性化的营造及室内室外绿色公共空间的无缝对接，追求现代办公空间的生态化与亲和力，旨在提高使用者的幸福指数。

（1）室内共享花园系统——4层通高的绿色生态大厅和为员工和访客专门每平方米设立的2层通高的绿色花园组成。

（2）室内花园系统——主要由每层为方案设计团队均设立提供的2层通高的花园组成，希望为创作团队提供绿色、生态、优雅、无约束的花园空间，以放飞设计师的创意与梦想。

（3）生态花园露台系统——由于用餐、会议、运动等公共空间设在4层以下，建筑在裙楼采用了层层叠错的方式营造出大量的便捷、宜人的花园露台休闲环境。

2．建筑综合遮阳系统关键技术

研发基于西北地区夏季炎热且漫长气候特征下的建筑综合遮阳技术，可有效解决建筑夏季过热问题，达到节能诉求。

基于西北地区夏季炎热且漫长的气候特征，项目组结合遮阳、防噪和建筑功能使用特点在建筑设计中针对不同朝向研发了不同形式的遮阳系统。

项目采用了包含固定遮阳和可动遮阳的多种遮阳系统，其中充满玫瑰芬芳的绿色表皮建筑遮阳和为体现设计企业个性与艺术气质的炫动的遮阳系统最具亮点，我们期待建筑遮阳也能成为建筑创作的一个重要表达形式。

气候设计原则	
序号	设计原则
1	利于建筑保温隔热
2	场地内部通风组织
3	充分利用太阳光照
4	控制场地内部太阳辐射

地形地貌与场地设计原则	
序号	设计原则
1	尽量减少对场地的扰动和开挖区域的面积，以减轻对场地的影响
2	尽可能保留场地原有的地形和特征
3	外观更贴近自然的户外空间在视觉上是最令人感兴趣、最吸引人的
4	场地布局应避开有价值的树木、水体、岩石等等

建筑群体设计时形成有效的导风巷应注意的问题	
巷道性质	注意事项
巷道的连续性	导风巷作为空气流动的"虚设"管道主体，必须连续、流畅
巷道的平整性	沿导风巷两侧的建筑设计尽量避免有凹凸的立面不平，并使两侧建筑立面（单体之间）有良好的整体相连
巷道的方向性	区域和建筑设计应使其起"风道作用"的巷道方向与夏季主导风向一致，以使尽可能多的风沿巷道向前流动
巷道的汇合性	为了适应室外气流方向的不确定性，将巷道设计成两个主导向，最后在热岛区汇合，这样可以提高巷道的导风效率

序号	提高收集太阳能建筑密度的方法
1	缩短南墙面照射时间
2	用大寒日作为计算时间，即能获得足够的日照，又能节约用地
3	根据当地状况，合理减少集热面接收的太阳辐射量
4	从建筑单体造型入手，保证日照的同时，提高建筑密度
5	建筑总平面整体规划中合理节约用地
6	建筑朝向在正南-30°~+30°以内，任何建筑都可以利用太阳能节能

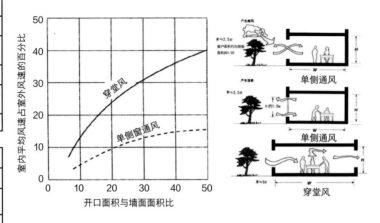

体型系数 S	全年供暖能耗增量（S 每增大 0.01 时）	全年空调能耗增量（S 每增大 0.01 时）
<0.3	0.5% ~ 2.3%	0.5% ~ 2.1%
0.3<S<0.4	2.6% ~ 5.0%	2.3% ~ 3.9%
0.4<S<0.5	5.2% ~ 7.6%	4.1% ~ 5.7%

体型系数与建筑能耗计算模型

3．基于被动式技术优先的建筑室内外环境设计

针对西北地区场地选址、建筑布局与朝向、空间组织、自然通风设计、景观设计、体型系数与建筑能耗等问题进行气候适宜性研究，利用现有的用地范围沿城市干道呈"L"形的布置，22层的主楼南北布置，在城市主干道形成鲜明挺拔的城市形象的同时，又围合成一个足够宽敞的半开敞式的南向庭院空间。在满足建筑功能需求的前提下，达到采光通风的最大化，并且将建筑的体形系数控制在0.14，努力降低围护结构的表面积，为建筑节能提供有利条件。

4．超低能耗空调系统关键技术

本着可持续的发展理念，严格执行一期建设不占用二期用地资源的原则，在一期用地内解决土壤源热泵的打井问题。

由于用地严重不足，受到了打井间距不足的困扰。当时国内的打出深度都在100m之内，经过多方试验论证，最终大胆选择了150m的打井深度，成为国内首个150m深井土壤源热泵系统项目。

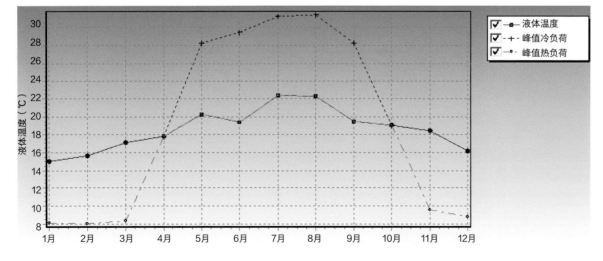

运行25年地下换热器温度曲线

土壤源热泵机组

5．基于海绵理念的非传统水源利用技术

项目所在地为降雨量小的缺水地区，其雨水控制及利用的核心技术措施为"渗、滞、蓄、净、用、排"。选择低影响开发技术及其组合系统，包括透水铺装、绿色屋顶、下沉式绿地、生物滞留设施、蓄水池、调节池、植被缓冲带、初期雨水弃流设施等，实现径流总量控制（80%以上）、径流峰值控制、径流污染控制、雨水资源化利用等目标。场地充分吸收后汇流到雨水回收系统，用以绿化灌溉、车库冲洗、道路浇洒等。

专家点评

该项目通过空间重构与创新，构建了涵盖绿色生态大厅、生态花园露台等多类型绿色空间的办公空间架构，突破了传统办公空间范式，营造了自然诗意的办公环境。针对局地气候特征，结合遮阳、防噪和建筑功能需求，研发了动态建筑遮阳系统，提升了建筑智能化水平。突破用地局限，采用了150m深井土壤源热泵系统，提高了建筑运维能效。项目每年可减少两千余吨CO_2排放量，显著提升建筑节能率、可再生能源利用率和非传统水源利用率，取得了可观的经济和社会效益。

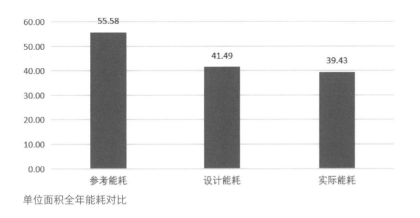

单位面积全年能耗对比

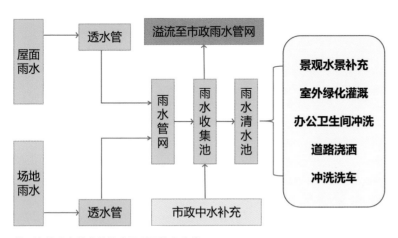

基于海绵理念的非传统水源利用技术路线

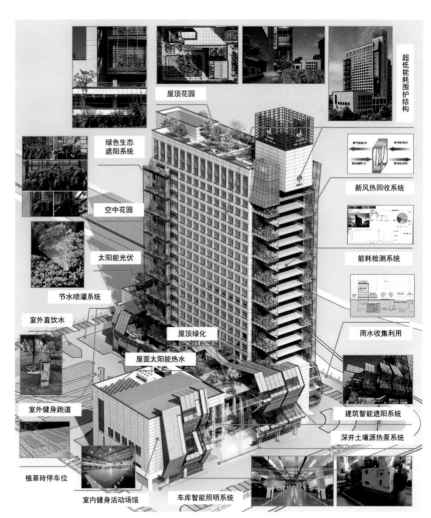

绿色生态技术

玺云台小区一期7号楼

获奖情况

获奖等级：二等奖

项目所在地：宁夏回族自治区银川市

完成单位：宁夏中房实业集团股份有限公司、中国建筑科学研究院有限公司上海分公司

项目完成人：张彦斌、张釜、左龙、邵文晞、黄学经、张世杰、林永洪、铁文军、薛岚、杨硕、冯伟、赵斌、董亚萌、刘妍炯、陈健、吴鹏辉、薛磊磊、李慧蓉、缪裕玲

项目简介

玺云台小区一期7号楼建设地点位于银川市兴庆区民族北街东侧、规划路南侧，项目东侧和南侧为规划路，北侧紧邻贺兰山路，西侧为民族北街。土地使用用途为城镇混合住宅。住宅用地面积3952.15m^2，建筑面积14036.08m^2，建筑层数21层，建筑高度67m。项目于2014年获得住房和城乡建设部3A级住宅预审证书；2017年取得2017年度宁夏回族自治区绿色建筑示范项目；2018年获得第八届（2017—2018年度）"广夏奖"规划与建筑设计优秀奖、第八届（2017—2018年度）"广夏奖"产业化技术应用优秀奖和第八届（2017—2018年度）"广夏奖"。

玺云台小区一期7号楼鸟瞰图

传统抗震设计标准

场地类别	抗震设防类别	抗震设防烈度	设计基本地震加速度	设计地震分组	特征周期	结构抗震等级
II 类	标准设防（丙类）	8 度	0.20g	二组	0.40s	剪力墙为二级

隔震后抗震设计标准

场地类别	抗震设防类别	抗震设防烈度	设计基本地震加速度	设计地震分组	特征周期	结构抗震等级
II 类	标准设防（丙类）	7 度	0.15g	二组	0.40s	剪力墙为二级

上部结构设计措施：

1. 上部结构水平地震作用可降 0.5 度进行计算。
2. 上部结构考虑竖向地震作用按原设防烈度进行验算。
3. 上部结构抗震措施按《建筑抗震设计规范》GB 50011，因此抗震措施不降低。

创新技术

1. 抗震设计（隔震橡胶垫减震技术）

申报项目所在地银川市，处于"银川–河套"地震带，考虑到这一因素，本项目在设计之初即委托广州大学工程抗震研究中心进行全过程设计与咨询，经过缜密分析最终采用了隔振橡胶垫技术，由橡胶隔震支座组成隔震层，共设置了38个隔震支座，大大提高了建筑的安全度，减少地震损失。

2. 采用污水源热泵

本工程利用污水源热泵作为空调冷热源，为项目提供空调冷热水，污水来源于银川市第一污水厂。日排放处理后污水11万t，其中中水约3万t，剩余污水量巨大，可以满足小区使用需求。

地源热泵机房布置在地下车库，共设置五台地源热泵机组，为末端辐射系统和新风系统提供冷、热量。

设备类型	台数	额定制冷量（kW）	额定制热量（kW）
PSRHH2202C-Y 螺杆式水源热泵机组	5	786.1	829.5

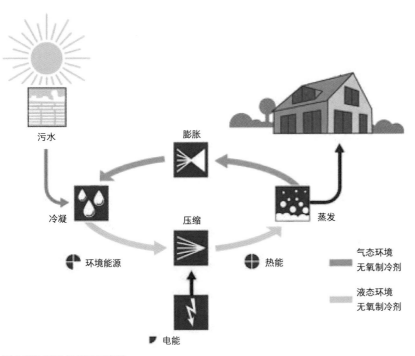

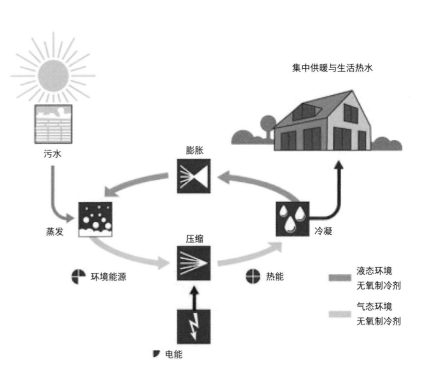

污水源热泵系统原理示意图

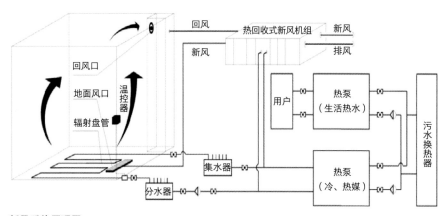

新风系统原理图

新风进风口

回风口

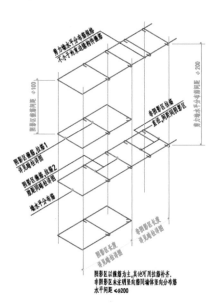

剪力墙优化大样图

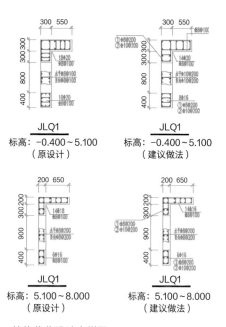

结构优化设计大样图

3．分户置换式新风技术

本项目采用了集中处理新风、分户置换式新风系统形式。以各单元为一个单独的新风系统，设置集中新风井和部分回风井，通过地面送风口送入室内新鲜空气，通过回风口带走污浊的空气。

地板送风使得室内人呼吸范围内处于"新风湖"中，健康舒适。

集中处理并回收排风热量，降低空气中携带的病毒、沙尘。设置初效、中效两级过滤，降低了室内PM2.5含量，充分保证室内新风品质。

4．结构优化

在本项目的操作过程中，引入了全程结构顾问，建筑方案确定后，对结构方案进行优化，主要有以下几点：（1）对建筑楼地面做法进行优化，减小结构自重，从而减小基础、剪力墙、梁板、柱的截面和配筋，从而减少结构材料用量。（2）对剪力墙布置进行优化：由于多数楼座的结构刚度偏大，适当取消或减短抗侧效率低的剪力墙布置，既可减小地震剪力，减小自重，又可降低钢筋混凝土用量及隔震层造价；取消局部长度较短的墙肢及小墙垛，可减少钢筋及混凝土用量；底部加强区以上整墙厚度可由200mm调整为180mm，可减小自重，减小地震力，又可减少混凝土用量。取消导致抹灰等湿作业大量增加的局部剪力墙的洞口，减少材料用量。（3）对楼板布置进行优化：取消局部影响建筑品质的框架梁、楼面梁；取消卫生间及厨房等小板格填充墙下的梁，减少结构钢筋及混凝土用量。采取结构优化措施后，既保证本工程有足够的结构安全度，又尽可能地减少钢筋、混凝土及其他非结构材料用量，达到真正节材的目的。与中房公司开发的相似的富力城高层住宅（未采取优化措施）相比，本项目地下室含钢量降低了将近25kg/m²，比富力城B座住宅楼（17层）的含钢量降低了将近20kg/m²。

5．环境监测与地库CO监测系统

申报项目设置环境监测系统，实时显示室内、外空气质量，CO_2浓度，室内外温度，提高住户对居住环境质量的感知，同时为住户提供生活便利。

在车库内安装CO浓度测点，每个防火分区安装1~2个，项目共安装98个监测点，采用吸顶安装，与排风机组联动控制，当CO浓度高于30ppm时风机自动开始工作，使CO浓度降到20ppm以下，保障人员安全。

专家点评

该项目采用了住宅项目较少采用隔振技术，通过设置38个隔震支座，提高建筑抗震性能，同时结构钢材用量节约20～25kg/m²。通过污水源热泵提供供暖和空调冷热水，末端采用辐射供冷供热系统。采用集中处理新风、分户置换式新风系统形式，以各单元为一个单独的新风系统，设置集中新风井和部分回风井，通过地面送风口送入室内新鲜空气，通过回风口排风，使室内人员呼吸范围处于"新风湖"中，健康舒适。设置环境监测系统，实时显示室内外空气质量、CO_2浓度和室内室外温度，增强住户对居住环境质量的主动感知能力，提升获得感和幸福指数。

环境监测系统APP

项目立面实景图

三等奖

三等奖

北京丰科万达广场购物中心

获奖情况

获奖等级：三等奖

项目所在地：北京市

完成单位：北京丰科万达广场商业管理有限公司、清华大学建筑学院、北京清华同衡规划设计研究院有限公司、万达商业管理集团有限公司、万达商业规划研究院有限公司、万达商业管理集团有限公司北京分公司

项目完成人：李晓锋、王志彬、孙亚洲、尹强、吴承祥、吴小菊、朱镇北、谢杰、陈娜、高峰、刘晓峰、侯晓娜、刘敏、薛勇、王文广、时兵、郑晓蛟、王新民、任雨婷、吴思奇

项目简介

北京丰科万达广场购物中心项目位于北京市丰台区丰台科技园内，用地面积为3.5万 m^2，建筑面积16.86万 m^2，地上7层，地下4层，建筑功能集购物、休闲、餐饮、文化、娱乐等多种功能于一体，属于大型商业综合体。本项目于2016年11月25日竣工，2016年12月22日投入使用，是万达集团打造的首个O2O商业项目，顺应"互联网+"时代的潮流，满足商家与顾客的多重需求。

本项目在2019年获得商务部颁发的绿色商场奖项，并在2020年获得金百合绿色可持续最佳实践奖以及北京市绿色建筑800万的奖励资金。作为北京市第一个按照《北京市绿色建筑评价标准》DB11/T 825并获得二星级绿色建筑运行标识的项目，通过持续优化、不断创新，从点滴做起，力求将绿色节能工作做到极致。

北京丰科万达广场购物中心建筑效果图

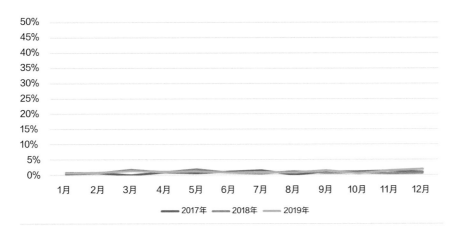

公共照明智能化控制

50%
45%
40%
35%
30%
25%
20%
15%
10%
5%
0%
　　1月　2月　3月　4月　5月　6月　7月　8月　9月　10月　11月　12月

━━ 2017年　━━ 2018年　━━ 2019年

实际用水量逐月漏损率

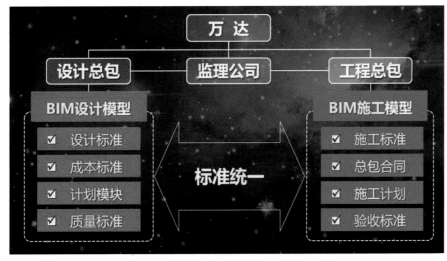

全过程BIM技术应用

创新技术

1. 被动优先、主动优化、综合优质的节能技术集成

在暖通空调系统的节能方面采用热回收、变频等多种技术相结合，并实时分析能耗及控制系统数据，不断优化运行策略。

在照明系统方面，加强自然采光，全面采用LED灯具，进行智能化控制，并对照明能耗进行监控，鼓励行为节能。

采用变频扶梯，在客流量少的时候，通过变频降低扶梯运行速度，减少扶梯能耗。

设置太阳能热水系统，充分利用可再生能源。

通过以上集成化节能技术，2019年实际能耗比北京市能耗指标现行值节约1000多吨标准煤，节约电费349万元。

2. 优质优用、低质低用、水尽其用的节水技术集成

供水系统设置减压阀控制用水点压力，设置雨水回用系统，充分利用非传统水源。

采用节水器具及微喷灌的节水灌溉方式节约末端水耗，同时在运行阶段通过比较各级水表之间的数据确定漏损情况，有效控制漏损率。

通过以上集成节水技术，2019年实际水耗相比节水用水定额的下限值节约2万多吨用水量，节约水费约21万元。

3. 欲与制造业看齐，打造精细化高度的BIM技术应用

丰科万达广场购物中心在规划设计和施工建造阶段全面采用基于BIM技术的万达筑云管理平台，该平台整合了22个子系统，充分利用万达多年商业开发经验形成标准模型。

筑云平台具有标准一致、多方协同、管理工作不受专业限制等特点，实现了从计划、成本、设计到质监的全方位管控。

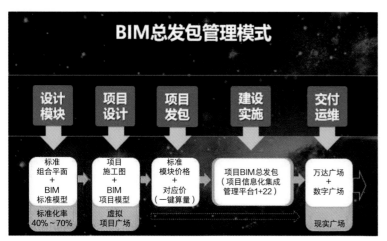

BIM总发包管理模式

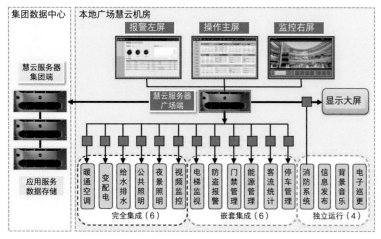

慧云智能化管理系统3.0版架构图

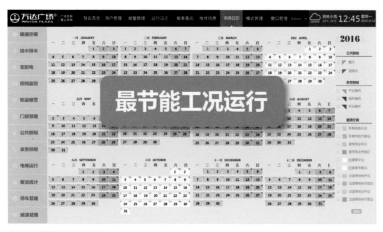

内置最节能工况运行

4．采用安全、绿色、舒适、高效、便捷的慧云智能化管理系统

丰科万达广场购物中心采用慧云智能化管理系统3.0版，经过不断创新，该系统是国内领先、曾获全球数字化创新大奖的运营管理平台，也是全球最大规模的商业智能建筑物联网平台，是万达安全运营、绿色运营的重要保障。

慧云智能化管理系统实现了16个运营子系统的集中监视、控制和管理，系统内置了空调系统最节能工况，可实现自动运行调节，确保良好的室内空气品质和舒适度。

5．"手握大数据，拥抱互联网，迈向人工智能"的工程管理信息化系统

工程信息化系统作为商管云管理模式的重要组成部分，以设备云管理为基础，在建筑全寿命周期内，实现统一执行标准、计划自动生成、工单自动派发等功能，极大地提升了工程管理水平。

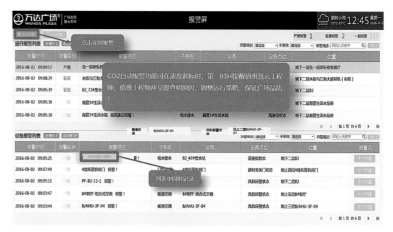

CO_2浓度自动监控报警

工程信息化系统

6．新冠肺炎疫情期间运行管理创新

新冠肺炎疫情期间慧云智能化管理系统新增"疫情模式"，集中调整组合式空调机组、新风机组、排风机组等设备的开关时间，在保证广场室内舒适度的同时，充分进行通风换气。

为保证广场顾客及商户的安全，物管部在新冠肺炎疫情期间开放出入口设置测温岗位，对所有进出人员进行测温，登记工作。

新冠肺炎疫情期间保洁对广场内所有区域进行3次消毒，针对重点区域进行5次消毒，确保消毒工作不留死角，保证顾客与商户安全。

新冠肺炎疫情期间入口测温

新冠肺炎疫情期间重点部位消毒

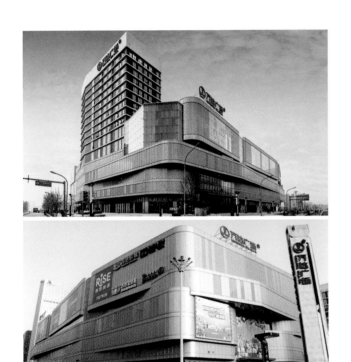
室外实景图

室内实景图

专家点评

该项目属于大型商业综合体，秉承被动优先、主动优化的绿色建筑理念，强化了自然采光，通过高效照明、扶梯变频调节和太阳能热水供应等手段，减少常规能源消耗，并最大限度利用可再生能源。通过对照明能耗监控，鼓励行为节能。通过雨水回用系统，充分利用非传统水源等措施，节约末端水耗，并有效控制管网漏损率。实现建筑全寿命周期信息化管理，设计施工中全方位应用BIM技术，通过慧云智能化运维管理系统，实现多个子系统自动运行调节，确保良好的室内空气品质和舒适度，极大地提升了运维管理水平。

可调节内遮阳

太阳能热水系统

北京中航资本大厦

获奖情况

获奖等级：三等奖

项目所在地：北京市

完成单位：北京航投置业有限公司、中国建筑科学研究院有限公司上海分公司、中国航空规划设计研究总院有限公司、中航物业管理有限公司北京分公司

项目完成人：杨建、张釜、高大勇、周小明、杨刚、邵文晞、冯伟、陈健、董璞、缪裕玲、傅绍辉、刘京、谢启良、孟凡兵、甘亦忻、李毅、李金波

北京中航资本大厦外立面

项目简介

北京中航资本大厦用地面积1.10万m²，建筑面积13.38万m²，建筑地上43层，地下5层，是办公及商业建筑。本项目对于绿色建筑技术的选择侧重于合理性与经济性。合理采用相关绿色生态节能技术，达到绿色建筑二星级指标要求。根据项目自身特点，重点采用增强客户舒适性的技术，采用屋顶绿化、静电高效过滤、高效节能设备、节能照明、节水灌溉技术、智能化自控系统、BIM技术等绿色生态技术。本项目获得中国钢结构金奖工程、二星级绿色建筑设计标识、结构长城杯金质奖工程、全国建筑业绿色施工示范工程、建设工程项目施工安全生产标准化建设工地、市政园林奖金奖、LEED-CS金级认证、建筑长城杯金质奖工程、中国建设工程鲁班奖、二星级绿色建筑运行标识等各项荣誉。

室内采光

创新技术

1. 智能楼宇控制系统

项目通过集成化的智能楼宇控制系统，实现物业管理对各分系统的总体情况的监测和管理，减少能耗。楼宇自控系统可实现空调自控、VAV控制、送风排风自控、电梯集中监视、给水排水自控、照明控制、能源计量以及空气质量监控，其中空气质量监控可实现对室内温湿度、PM2.5、CO_2、CO分别进行连续测量、显示、记录和数据传输。

2. 物业信息管理系统

（1）设置物业信息管理系统，系统功能完备，记录数据完整。派修系统可体现工单管理，统计总工单数、未结单、结单率以及在线工程师人数等；

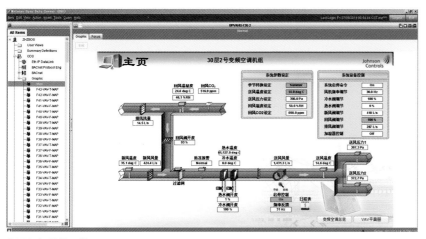

空调机组监控系统

楼宇自控系统

派巡系统可显示巡检计划、巡检任务、异常设备通知等。派修派巡均可实现二维码扫码进行打卡，系统实时跟踪开始执行及结束执行时间，无需使用纸质巡检单，且所有操作均可在物业信息管理系统上自动进行记录。

（2）满意度调查。物业每季度开展1次针对建筑绿色性能的使用者满意度调查，且根据调查结果制定改进措施并实施。采取实名制调研表，参与单位有商业、写字楼以及成员单位客户，在2020年上半年发放了75份物业服务满意度调查文件，收回70份，回收率达到93.34%。2020年的满意度调研从新冠肺炎疫情期间防疫工作、基础物业服务工作及客户意见建议收集三个方面收集意见，共涉及9个大项、23个小项，包括设备运行及维护、环境卫生管理、进出大厦管理、便捷服务、物业服务人员形象及服务态度等内容进行意见收集。收回的70份问卷中，对防疫工作服务调查综合满意度达到99.75%，物业服务满意度达到98.08%，对比2019年上半年96.33%的物业服务满意度，2020年物业管理在各方面都进行了针对性的改进。

中控室

物业信息管理系统

中航资本大厦物业服务满意度调查问卷

2020年，春节前夕，一场突如袭来的疫情在全国蔓延，打乱了所有人的工作、生活。大家都在迎春守岁准备过年的时候，物业项目部已经开始为抗击疫情进行准备。从春节至盛夏，6个月里，所有服务人员牺牲休息，奋战在大厦防疫一线。在业主与您的理解、支持与配合下，我们克服了人力、物力严重不足的困难，为大厦树立起坚固的疫情防线。

为了防疫，我们付出的比平时更多，但在服务品质方面也做出了牺牲，对于业主与您给予的理解与支持，我们表示歉意与由衷的感谢。

当下，疫情离我们越来越远，各项物业工作逐渐恢复，在做好防疫工作常态化的同时，我们将努力提升各项服务品质。为了总结经验，请您对疫情期间的物业各项工作给予评价，并留下您的宝贵意见。

请在您认为最合适的选项中划"√"。本次调查是物业项目部针对服务工作满意度进行的调查，同时也是我们改善服务的依据。

您在大厦内工作多长时间：

1、5个月以内 2、5-12个月 3、1年以上

Part I：服务内容

填表说明：请选择最能说明客户感受的一个选择来作为回答（在相应分值上打√，如无该服务或不清楚请勾选"0"。）。如：

①	②	③	④
非常满意	满意	不满意	非常不满意

S1、请您评价大厦防疫工作的服务

项目	① 非常满意	② 满意	③ 不满意	④ 非常不满意	如无该服务或不清楚（请勾选）	如您认为不满意或有其他方面的问题请说明
PQ1、大厦消毒服务						
PQ11、公共区域消毒情况	✓	②	③	④	0	
PQ12、卫生间消毒情况	✓	②	③	④	0	
PQ13、空调新风消毒情况	✓	②	③	④	0	
PQ2、疫情期间出入管理						
PQ21、人员健康情况核查	✓	②	③	④	0	
PQ22、测温情况	✓	②	③	④	0	
PQ23、访客管理及登记情况	✓	②	③	④	0	
PQ3、疫情期间服务人员防护措施						
PQ31、服务人员佩戴口罩情况	✓	②	③	④	0	
PQ32、公共区域电梯按键用纸配备	✓	②	③	④		
PQ4、政策宣传						
PQ41、政府疫情防控政策宣传情况	✓	②	③	④	0	

客户满意度调查问卷

3．BIM技术

项目在施工过程中应用BIM技术，从深化设计、多专业协调、BIM交底、现场管理等方面取得了很好的效果。由于空间布局复杂，机电系统繁多，对设备管线的布置要求高，设备管线之间或管线与结构构件之间容易发生碰撞，给施工造成困难，无法满足精装标高的要求，同时会造成二次拆改，增加项目成本。

基于BIM技术可将建筑、结构、机电等专业模型整合，再根据各专业要求及净高要求将综合模型导入相关软件进行碰撞检查，根据碰撞报告结果对管线进行调整、优化，方案确定后进行交底，同时结合厂家的产品构建，进行机电设备族的构建，部分构件进行预制加工、组装，缩短了工期，同时做到了一次创优。

BIM技术

装饰节点

一层大堂

管道间

地下车库

屋顶绿化实景图

4．屋顶绿化

项目种植白皮松、云杉、银杏、白蜡、独干五角枫、八棱海棠等乔木，种植丁香、大叶黄杨、红瑞木、金叶女贞等灌木。绿地率达到30%，设置屋顶绿化及垂直绿化，屋顶绿化面积达到65.85%，外墙垂直绿化面积比例达到12.93%。本项目超高层屋顶花园景观工程获得了2018年度市政园林奖金奖。

专家点评

该项目合理采用绿色生态节能技术，达到绿色建筑二星级指标要求。项目根据自身特点，采用屋顶绿化、静电高效过滤、高效节能设备、节能照明、节水灌溉技术、智能化自控系统、BIM技术等绿色生态技术，实现多种绿色化技术的集成优化，较好解决绿色建筑与绿色技术整体性能不协调的难题，并有效提升了使用的舒适度和体验性。

停机坪

中海油天津研发产业基地建设项目

获奖情况

获奖等级：三等奖

项目所在地：天津市

完成单位：中海油基建管理有限责任公司天津分公司、深圳市建筑科学研究院股份有限公司

项目完成人：李茂大、刘闪闪、王立松、姚燕枫、严莉、徐小伟、李晓瑞、李莹莹、吉淑敏、傅小里、卢铮、田鑫东、刘鹏

项目简介

中海油天津研发产业基地建设项目位于天津市滨海新区，项目总用地面积为145175m²。项目包括3栋科研办公楼，总建筑面积为347575m²，其中地上总建筑面积为237842m²，地下总建筑面积为109733m²。3栋科研办公楼地上层数分别为31层、16层和20层，建筑高度分别为150m、80m和99.9m，地下共2层。项目从规划阶段引入绿建和机电咨询单位，将绿色设计理念渗透到设计方案中，落地到施工过程中，实施到运营管理中，实现全寿命周期绿色建设和机电系统一体化建设。项目分别于2016年和2019年获得二星级绿色建筑设计标识证书和二星级绿色建筑标识证书，并获得国家优质工程奖、第四批全国建筑业绿色施工示范工地、天津市"结构海河杯"和"金奖海河杯"奖、上海市优秀工程设计三等奖和美国LEED-NC金级认证。

中海油天津研发产业基地建设项目效果图

创新技术

1. 多级利用的深层地下水源热泵系统

利用地热井水经一级板换直接为用户侧提供空调热水，地热水再经二级、三级板换为水源热泵机组的低温热水提供热量，用以加热空调系统热水回水，之后与一级板换出水混合为用户提供空调循环热水。通过冷热量表记录数据统计，本项目全年由可再生能源提供的空调用冷量和用热量比例达到了66.14%。

2. 高效空调系统及设备

本项目集中空调系统冷热源为水源热泵系统+冷水机组+燃气锅炉；水源热泵机组和冷水机组的能效等级均达到了1级；标准层末端形式为VAV变风量系统，裙房新风机组均采用热回收机组；供暖循环泵及用户侧空调水泵变频。

3. 绿色照明及控制

采用节能灯具，近窗的灯具采用独立控制的照明开关，所有灯具的照明功率密度值均满足目标值的要求。设智能照明控制系统，所有照明回路采用多种控制形式，既可以集中控制，也可区域就地控制；公共走廊采用时间自动照明控制和强电雷达探头强照明控制相结合的方式；电梯厅、中厅设微波雷达传感器，来人时开启其余回路，人走后灯光熄灭，其余时间仅开启少量灯具。地下车库设时间控制，时间段分为高峰时间段、普通时间段和深夜时间段。带外窗的休闲区放置照度感应探头，可通过外界光照度感应与智能面板来实现智能控制。

热回收机组　　　　　　　　节能灯具、走廊

水源热泵机组

地下车库

4．主、被动设计，打造舒适的室内环境

建筑内院的布置、核心筒和大开间的平面布局，以及导光管和玻璃幕墙的应用，改善室内环境，项目室内声、风、光环境及视野优越。在墙上或空调机组回风管上设CO_2和VOC传感器，并与通风系统联动。在地下车库每个防火分区设1个CO浓度传感器，并与送风排风设备联动。空调机组采用过滤效率等级R7的板式双区高电压型静电除尘器，对主要功能房间进行有效的空气处理。

5．节水系统及设备实施

冲厕、绿化浇洒、道路和车库冲洗采用市政中水。卫生器具的用水效率等级全部达到2级及以上。采用9台超低噪声逆流式冷却塔，冷却塔之间设置平衡管，冷却塔的冷却能力和飘水率满足相关要求。绿化灌溉采用微喷灌和滴灌的节水灌溉方式。

建筑内院布置及玻璃幕墙立面

导光管

CO_2和VOC传感器

CO传感器

中水给水管

冷却塔

6．设计及施工中BIM技术的应用

在规划设计阶段，引入BIM顾问公司，在初步设计、施工图设计阶段根据搭建的模型对设计文件进行审查；管线综合修正等依据BIM模型，从初步设计、施工图设计阶段发现图纸问题和管线修正，累计排查出设计问题1354项。施工阶段，由施工单位负责BIM全专业建模，BIM顾问公司负责审查，共排查出453个图纸中的错漏碰缺与专业间的冲突等问题。在竣工时，施工单位编制BIM模型使用操作说明手册，BIM顾问公司负责验收审查，以便BIM技术应用的连贯性和持续性。

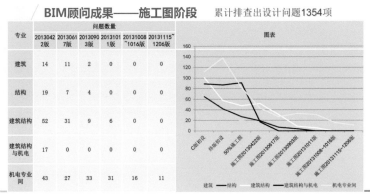

BIM技术应用成果

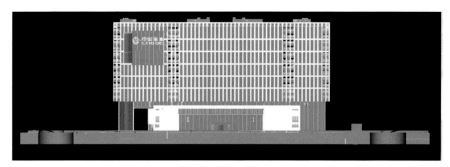

2号楼北立面

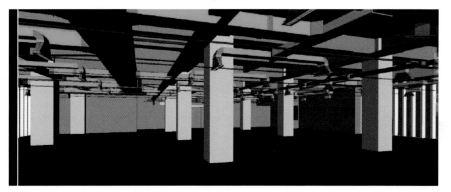

2号楼裙楼

2号楼首层

专家点评

该项目在规划方案创作阶段即引入绿色建筑和机电咨询单位，将绿色设计理念渗透到设计方案中，并努力在施工、运营管理中践行绿色理念，实现全寿命周期绿色建筑和机电系统一体化建设。项目设计时，充分考虑人员使用行为规律，采用了多级利用的深层地下水源热泵系统、高效空调系统、节水系统、节能照明系统等绿色建筑技术。设计及施工中，采用BIM技术，及时发现和处理了大量管线碰撞问题，避免了大量的返工作业。竣工时编制了高质量的BIM模型使用说明，方便用户使用。

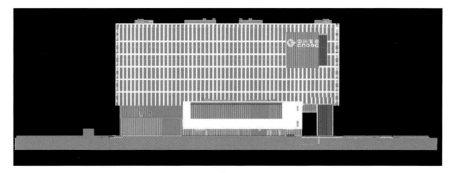

2号楼南立面

BIM模型

天保房地产空港商业区住宅项目（1～32号楼）

获奖情况

获奖等级：三等奖

项目所在地：天津市

完成单位：天津天保房地产开发有限公司、天津建科建筑
节能环境检测有限公司、天津住宅科学研究院有限公司

项目完成人：侯海兴、李胜英、汪磊磊、刘荣跃、
董乐、陈丹、伍海燕、宋友祥、戴洪昌、赵慧梅、
王晓丹、詹立琴、王乃铁、陶昱婷、王茂智、沈常玉

项目简介

天保房地产空港商业区住宅项目（1～32号楼）坐落于天津市空港
经济区，区位优势显著，空运、海运、公路、铁路交通条件优越。
项目总占地面积12.28万m²，总建筑面积27.96万m²，人均公共绿地
面积3.14m²，共包含32栋住宅楼。采用15层、18层两种建筑高度结
合的方式，形成南低北高的建筑轮廓天际线，在满足日照要求的前
提下，户型设计上体现功能性、经济性、舒适性，将节能环保主题
展现得淋漓尽致。小区配套覆盖了教育、文体、社区服务、行政管
理、市政公用等类别，能够及时、便利为小区住户提供生活服务。

项目采用绿色建筑全过程咨询模式，分阶段、多层面进行绿色建筑
技术的创新、应用、推广。在天津市率先试点75%居住建筑节能设
计标准，节能率比同期建筑提高30%以上。项目先后获得绿色建筑
二星级设计标识、广厦奖、詹天佑优秀住宅小区金奖、天津市海河
杯奖、绿色建筑二星级运行标识等荣誉称号。

天保房地产空港商业区住宅项目鸟瞰图

创新技术

1．生活便利

便利公交站点。意境兰庭公交站、兴宇路东七道公交站距小区出入口分别为50m、108m，途经公交线路包括114路、694路、950路内环路、689路等十余条线路，保证居民的便利出行。

八类配套服务设施。自建：商服网点、物业管理用房、居委会、社区警务室、便利店、室外健身场地、快递柜；共享：天津医科大学总医院空港医院、滨海一中、实验小学、文化中心、健身中心、中国银行、SM购物商城，意大利风格主题公园广场等。

2．安全耐久

项目采用人车分流的形式，小区内未设置地上停车位，可避免人车争路的情况，充分保障小区内行人，尤其是老人和儿童的安全，为人们提供宜居舒适的环境。同时，为了满足来访人员的需求，项目结合市政景观，在北侧主要出入口附近设置50个访客停车位。

3．绿色化施工

施工过程三清、六好、一保证：现场清整、物料清楚、操作面清洁；职业道德好、工程质量好、降低消耗好、安全生产好、完成任务好、职工生活好；保证使用功能。

为进一步提高住宅工程质量，攻克施工的各个难关，对主要工序进行施工样板先行工作，制定样板管理目标，提出了样板先行管理要求。不仅提高工程质量，而且施工引导作用明显，减少施工过程中很多返工，降低施工成本。

在设计、施工阶段采用了信息模型技术，通过采用CAD、3DMAX、REVIT等专业软件进行深化设计施工，提前规避了现场管线施工的碰撞问题，明确预留预埋位置。在外檐施工上明确了整体施工效果及细部要求，减少了返工返修现象。

人车分流标识

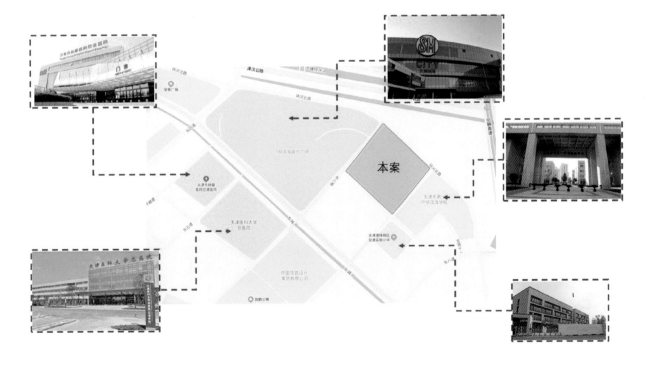

周边配套设施图

室外健身步道

BIM模型检查管线碰撞

剪力墙钢筋绑扎样板工程

构造柱样板工程

4．海绵城市设计

本项目采用下凹式绿地、生态水景、透水铺装等技术措施，打造健康舒适的生态宜居环境。同时，减少地面雨水外排径流，降低区域的防洪和排水压力，实现本项目内的水资源可持续利用，缓解防洪和水资源短缺的问题，促进生态环境效益、经济效益和社会效益的协调统一。

室外采用多处旱溪形式，水景的河床以形态各异的卵石垫层，并在其周围布置了各种适合湿地生长的植物，在意境上营造"虽由人作，宛自天开"的溪水景观。枯水季露出来天然原石景观，雨季可作为河床收集雨水，达到雨天看水，晴天看景效果。

透水铺装

植草砖

生态水景

5．土建装修一体化

本项目所有建筑采用土建装修一体化设计施工，减少了后期拆改造成的资源浪费。卫生洁具（2级节水效率）、橱柜、热水器等一应俱全，高标准装修实现住户拎包入住。

6．地下空间自然采光

本项目共设18处地下车库采光窗，结合室外景观环境，在部分建筑基座和车库上方设置采光窗。采光窗尺寸为 2m×2m，每个天窗能保证约210m²的车库采光系数达到0.5%及以上。天窗附近采光效果良好，周边照明灯具日间自动关闭，地下车库年节约照明电费约4.5万元。

7．高效运维管理团队

聘请天津建科建筑节能环境检测有限公司组建绿色建筑创新管理团队，从项目规划设计、施工建造、运行管理等阶段实施绿色建筑全过程咨询管理，最终保证项目实现良好的运行效果，并取得绿色建筑运行标识二星级认证。

通过定期进行业主满意度调查问卷，提升物业管理品质，采用循环上升式运维改进机制，解决电动汽车充电、地上自行车停放、人脸识别系统安装等问题。

通过建立微信公众号服务平台，解决日常报修、普及绿建知识、开展日常社区活动等，提高沟通的便捷度。客户满意度攀升，市场认可度高。

专家点评

该项目采用绿色建筑全过程咨询模式，分阶段进行绿色建筑技术创新。从社会环境入手考虑周边交通的接驳，较好考虑小区的人车分流。注重车库地下室的自然通风与采光，节约能源。采用土建装修的一体化的方式节约资源。秉承绿色运营和管理的理念，采用智慧化运营管理措施，解决电动汽车充电、地上自行车停放、人脸识别系统安装等问题。

厨房精装修效果图

客厅精装修效果图

卫生间精装修效果图

地下车库采光窗

建筑基座设采光窗

地下车库采光效果图

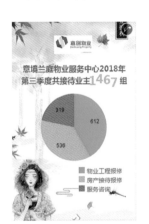

物业信息管理平台

充电停车位

小区换热站

辽宁城市建设职业技术学院生态节能实验楼

获奖情况

获奖等级：三等奖

项目所在地：辽宁省沈阳市

完成单位：辽宁城市建设职业技术学院、辽宁省建设科学研究院有限责任公司、中国建筑东北设计研究院有限公司、浅蓝（辽宁）科技有限公司、国启检测科技有限公司、沈阳双元科技有限公司

项目完成人：王斌、王庆辉、石海均、王健、许金渤、刘鑫、李梅、李晓萌、张伟、刘丽、许伟华、陈海洋、杨晓文、朱宝旭、朱浩、胡媛、孟德新、任爱芳、李源、刘健

项目简介

辽宁城市建设职业技术学院生态节能实验楼项目是首个由世界银行支持的中国职业教育绿色建筑项目，位于沈阳市沈北新区虎石台开发区双楼子村辽宁城市建设职业技术学院院内。总建筑面积5100m²，高度为14.35m，其中，地下1层，地上3层，项目于2011年8月开展相关建设论证研究，2013年3月开始施工，2015年12月竣工，并于次年4月投入使用。项目基于BIM技术进行绿色建筑产教融合的探索，在设计、建设、运维过程中，依据《绿色建筑评价标准》GB/T 50378相关条款要求，实现绿色建筑安全耐久、健康舒适、生活便利、资源节约、环境宜居的目标，打造集建筑节能科普、节能技术推广、节能技术科学研究、创新创业孵化功能于一体的绿色建筑"大教具"及科普示范基地。

项目建成后先后获得辽宁省创新型实践基地、住房和城乡建设部绿色建筑示范工程项目、辽宁省建设工程世纪杯（省优质工程）、辽宁省建筑节能科普示范基地、绿色建筑二星运行标识等多项荣誉。

辽宁城市建设职业技术学院生态节能实验楼鸟瞰图

呼吸幕墙技术

太阳能发电技术

实验楼荣誉墙

风力发电技术

地源热泵技术

钢结构采光天窗

甘肃职院技术交流

创新技术

1．绿色建筑承担"大教具"角色

项目在设计过程中，以绿色建筑理念为前提，充分考虑了教学示范功能，实现节能设备和节能技术应用可视化，项目本身即可作为一个"大教具"，与学院教学体系对接，是推进学院教学改革的大胆创新性尝试。

2．结合地理条件充分利用可再生能源

项目充分结合地域特点，采用了一系列国内外先进的绿色新技术、新工艺、新材料，充分利用光能、风能、地热能等可再生能源。主要应用技术包括地源热泵技术、太阳能发电技术、太阳能光热技术、智能照明技术、中水回用技术、光导管技术、呼吸幕墙技术、节能系统集成控制技术、云计算、BIM技术等。其中，地源热泵系统COP值为2.74，优于现行国家标准。每个供暖季节约标准煤约56t，太阳能发电系统年均发电量约65000kW·h，风力发电系统年均发电约18500kW·h，光导管系统年均节约为6000kW·h。双层外循环呼吸式幕墙面积约530m^2，热交换空间100m^3，较传统幕墙节能50%以上。云计算办公系统年节约电量约18000kW·h。全楼每年节约标准煤约90t。每年可减少排放CO_2约222t，SO_2约1.8t，氮氧化物约0.9t。

建筑节能科普教学

3．全过程应用BIM技术打造信息化管理平台

项目在设计、施工、运维全过程将BIM技术进行深入融合，节约建设成本、缩短工期、提高运维效率。目前，在运维阶段，将楼内各系统数据集成于BIM运维管理平台，整合楼内各系统数据并综合分析，将建筑运行状况在BIM模型上通过特定标识形式进行展示，直观清晰地了解绿色建筑运行状态、耗能情况及设备维修保养信息，有效提高了楼内各系统运行效率。相对常规建筑，每年可节约水费、电费、人工费、供暖费共计约30万元。

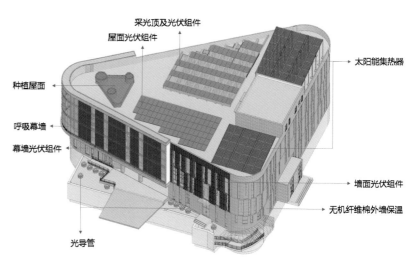

BIM模型

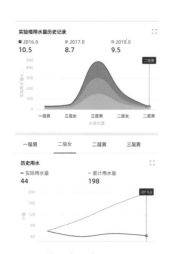

BIM运维平台用水量记录

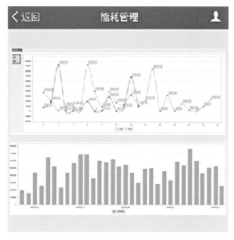

BIM运维平台能耗管理

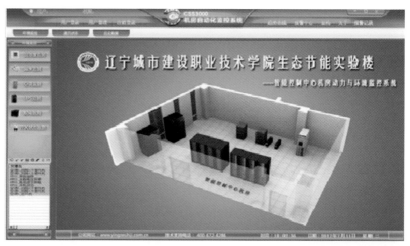

智能控制系统

地源热泵控制系统

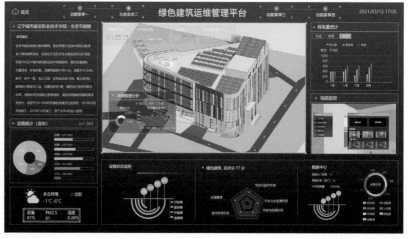

BIM运维平台

专家点评

该项目以绿色校园建设理念为前提，充分考虑了教学建筑的示范展示功能，结合地域特点采用地源热泵技术、太阳能发电技术、太阳能光热技术、智能照明技术、中水回用技术、光导管技术、呼吸幕墙技术，能源资源节约效果显著。同时，采用了节能系统集成控制、云计算、BIM技术等提高创新技术，搭建了绿色智慧管理平台。该项目的绿色实践可推进节能技术在东北地区的应用，为严寒寒冷地区公共建筑绿色建筑技术推广应用提供了技术方案和支撑。

辽宁城市建设职业技术学院生态节能实验楼效果图

辽宁城市建设职业技术学院生态节能实验楼实拍

哈尔滨太平国际机场扩建工程——新建T2航站楼

获奖情况

获奖等级：三等奖

项目所在地：黑龙江省哈尔滨市

完成单位：黑龙江省寒地建筑科学研究院、黑龙江省机场管理集团有限公司、黑龙江省建筑设计研究院、中建三局集团有限公司

项目完成人：李若冰、尹冬梅、王健、朱广祥、高志斌、柯卫、孙士博、韩向阳、王树军、王跃、李毅、赵健、王双翼、周传喜、王雷、冷祥玉

项目简介

哈尔滨太平国际机场整体（原有T1航站楼、新建T2航站楼）位于黑龙江省哈尔滨市，总占地面积38.8万m²，本项目新建T2航站楼位于现有T1航站楼的西南侧，总建筑面积17.1万m²，是国内大型机场首个采用欧式建筑风格的航站楼。整体建筑4层，主楼地下1层，地上2层，局部设到港夹层。本项目按照全寿命周期绿色建筑理念进行设计建造，注重成熟的绿色技术并勇于创新。本着"集约、节约、便利旅客"的原则，新建T2航站楼与T1航站楼贴邻建设。采用新材料、新技术、新工艺，以保安全、保质量、保工期、控制投资为目标，全力打造"平安机场、绿色机场、智慧机场、人文机场"，整体达到绿色建筑二星级指标要求。

哈尔滨太平国际机场陆侧效果图

创新技术

1."贴邻建设"设计与建造技术

采用创新的贴邻建设和交通导改技术,紧贴现有正在运行航站楼建设新航站楼,最后合二为一,一体使用,保证施工期间现有航站楼正常运行。由于是分阶段建设,建筑、结构、水、暖、电设备等各系统均需分区设置,既要保证单系统独立运行,又要考虑后续多次融合。本项目经科学规划,融合复杂系统,实现了系统稳定运行,节省用地,便利旅客出行,节约运行成本,为既有大型公建的绿色改建、扩建提供了新的技术途径。

2.建筑风格彰显地域特色

航站楼功能和建筑造型方面有机融合,是国内首次将欧式建筑风格应用于大型机场,与哈尔滨市整体欧式建筑风格遥相呼应,充分体现了哈尔滨作为远东国际枢纽的地域特色。内部装修以哈尔滨"冰雪城市"为创意主题,按照"集约、简约、实用,体现哈尔滨地域文化,注重建筑功能,便利旅客"的原则,提取"冰"元素,简化为三角形,按照制定的模数进行组合,从有序到变化,利用装饰手法体现现代装饰风格。

"贴邻建设"设计与建造技术

"冰"元素装修风格

欧式建筑风格

3．TPO单层防水卷材耐久、节能

屋面采用TPO单层防水卷材，是全国首例将TPO单层防水卷材屋面工程技术应用于航站楼建设的工程项目。TPO采用进口自动热风焊机大面积施工，施工速度快，搭接处热焊形成的粘结层强度高于卷材，焊接质量有保证，且形成连续的密封防水层，接缝严实，可承受14级风力而不掀起，具有可靠、快捷、干净、实用、环保节能等显著优点。大面积平屋顶建筑形式与TPO防水技术的结合，可增强屋面夏季反太阳辐射。TPO白色屋顶较深色表面可节约40%的冷却能源。白色TPO屋面材料与常规的暗色系统进行空调加热/制冷比较，试验证明，白色TPO浅色屋面节能12%～18%。采用的TPO单层防水系统既实现了长期耐久、减少维护的防水功效又兼顾了高效节能。

TPO单层防水卷材

TPO单层防水卷材施工图

4．BIM技术实现建设全过程协同高效

采用BIM信息化建设，提升设计质量，为施工建造全过程提供技术支撑，为项目参建各方提供了有效的协同管理平台，有效地提升了协同效率。确保工程在全寿命周期中按时、保质、安全、高效、节约完成，在本工程中提高生产效率、节约成本、快速建造。在严寒地区克服冬期施工难题，仅用2.5年完成了近13万m2贴邻航站楼的建设任务，缩短工期1年。在运营阶段，通过BIM技术对空间与设备的管理，制定科学的使用与维护计划，使得运营阶段真正做到预见性的绿色运营，节约运营期能源与资源消耗，进而实现运营期的绿色化，同时可以作为未来建筑改造与拆除的信息基础数据库。BIM信息化建设，实现提升设计质量，有效提升协同效率，实施绿色施工技术，做到在严寒条件下的绿色冬期施工，实现机场建设全过程绿色化。

5．三银（Low-E）玻璃舒适、节能

航站楼出发大厅净高18m，外墙玻璃幕墙面积大，采用高透型三玻充氩三银Low-E中空玻璃提高保温性能，大大减少室内外环境透过玻璃进行的热量交换。当空调进行制冷或制暖时，在室内温度达到了设定温度后，空调能够更长时间的处于待机状态，从而节省耗电量，相对普通中空玻璃节能1/3以上。建成建筑既满足自然采光要求，又保证舒适的室温，同时，低反射率可避免普通大面积玻璃幕墙光反射造成的光污染，营造更为柔和、舒适的光环境。

BIM信息化技术建设

专家点评

该项目将欧式建筑风格应用于大型机场，与哈尔滨市整体欧式建筑风格呼应，充分体现了哈尔滨作为远东国际枢纽的地域特色。项目将航站楼功能和建筑造型有机融合，采用平屋面有效减少建筑体形系数，适宜严寒地区的节能。屋面采用TPO单层防水卷材，是全国首例将TPO单层防水卷材技术应用于航站楼建设的工程项目，具有可靠、快捷、干净、环保、节能等显著优点。玻璃幕墙采用高透型三玻充氩三银Low-E中空玻璃，在具备较高保温性能的同时满足自然采光要求，营造了更为柔和舒适的光环境。项目按照全寿命周期绿色建筑理念进行设计建造，注重成熟的绿色技术并勇于创新。

哈尔滨太平国际机场三银（Low-E）玻璃幕墙

哈尔滨太平国际机场侧立面图

上海虹桥商务区核心区一期05地块南区D、E、F、G办公楼

获奖情况

获奖等级：三等奖

项目所在地：上海市

完成单位：上海恒骏房地产有限公司、中国建筑科学研究院有限公司上海分公司

项目完成人：孙祝强、钱娟娟、曹燕、袁健、王伊铖、戴永亮、杨晨驰、徐佳、张鋆、邵文晞、邵怡、高欣、颜婧、殷明昊、张益铭、缪裕玲

项目简介

上海虹桥商务区核心区一期05地块南区D、E、F、G办公楼位于上海市虹桥商务区核心区，西临申滨南路，南为甬虹路，东面为申长路，北侧为绍虹路。项目为商业办公建筑性质，用地面积为35118m²，由4栋8层办公楼构成，地下2层。项目于2014年获得三星级绿色建筑设计评价标识（采用《绿色建筑评价标准》GB/T 50378-2006评价），于2015年竣工并投入使用，同年获得上海绿色建筑贡献奖。2017年，本项目获得上海市优秀工程设计奖三等奖，并获得绿色建筑三星级绿色建筑运行评价标识（采用《绿色建筑评价标准》GB/T 50378-2014评价）。

上海虹桥商务区核心区一期05地块南区D、E、F、G办公楼效果图

排风热回收

中水回收利用

创新技术

1．排风热回收

办公楼屋顶进行热回收的新风、排风接力风机均设变频控制，根据各楼层新风空调器变频器的平均值进行联动控制。新回风设电动调节风阀，在冬季、夏季，根据房间CO_2浓度检测，控制新风阀调节新风量。过渡季可采用50%新风比供冷，节省运行费用，回风阀相应反向联动调节；在必要时，新回风阀可根据需要关闭。排风机设变频调节，与新风阀正向联动控制。新风、排风设转轮热回收，并在空调箱内设转轮电动旁通阀。

2．中水回收利用

本项目回收办公盥洗中水和酒店盥洗淋浴用水。经处理后，用于场地绿化灌溉、道路冲洗、地库冲洗和办公区冲厕用水。中水处理机房位于地下一层南侧E号楼地下。中水原水池为$60m^3$，清水池为$30m^3$。

月份	8	9	10
中水用水量（m^3/m）	968	740	716
中水补水量（m^3/m）	0	0	0

3．空气质量监测

为保证健康舒适的室内环境，本项目设置一套空气质量监测系统，检测地库CO浓度，按照防火分区设置，联动排风机排风。在地上主要办公区域设置CO_2监测系统，新风机组、新风阀与之相应控制，使CO_2浓度始终在卫生标准规定的限制内。CO_2浓度监测器安装在离地1.5m左右的墙上，并结合装修设置。当监测到CO_2浓度大于800ppm时，则发生报警信号，通过系统自动调节新风量，使CO_2浓度降低到750ppm以下。

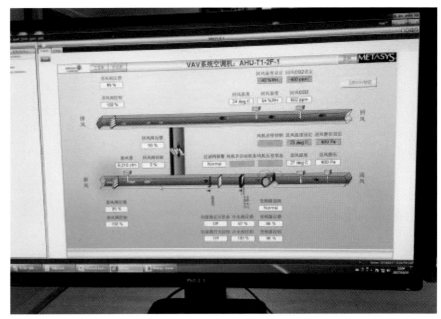

空气质量监测

可调节外遮阳

节材

节水灌溉

4．可调节外遮阳

项目设有多种形式的外遮阳，可调控外遮阳的比例达到25%。办公部分立面采取竖向铝合金格栅幕墙系统，利于减少夏季室内得热。办公南立面设置中空百叶玻璃，室内人员可根据日照情况自由调节；西向局部采取中空彩釉玻璃，有效降低玻璃遮阳系数。

5．节材及绿色建材

项目充分利用可灵活变换的大空间作为办公和娱乐场所，满足活动场所随时简易更换的要求，节约建筑材料。

本项目钢筋混凝土结构中的受力钢筋使用HRB400级钢筋，占受力钢筋总量的92.16%。

使用了钢材、铜、木材、铝合金型材、玻璃等可循环材料，可再循环材料使用重量占建筑材料总重量的10.62%。

6．节水灌溉

本项目地面和屋顶绿化灌溉均采用微喷灌。根据设定时间实现自动灌溉，并配有雨量传感器，实现雨天关闭。

7. 智慧运行

本项目采用信息化手段进行能源管理，信息系统功能完备，内部管理人员可以通过不同的管理权限下载项目档案、管理规范及记录数据等资料。信息系统本项目的档案齐全，保留有完整的项目施工、竣工图，备案信息，设施设备等信息，有利于项目后期的运营、维护和改造。项目运营期间的数据计量完整，包括项目的用水、用电、冷热量等能耗数据及设备部品的更换记录等，且数据真实有效。

同时对室内空气质量、智能系统做实时检测反馈，对设备故障等情况及时报警，保证项目系统设施稳定、安全运行。

智慧运行

专家点评

该项目采用了排风热回收、中水回收利用、空气质量监测、可调节外遮阳、绿色建材、屋顶绿化、节水灌溉、智慧运营等多项适合上海地区的绿色技术措施，实现了以人为本和环境友好的设计目标。充分利用灵活变换的大空间作为办公和商业场所，满足空间可简易变换的使用要求，营造了绿色舒适的商业办公环境，让使用者充分体验到绿色建筑理念带来的便利与舒适。

项目鸟瞰图

华能上海大厦1号楼、2号楼项目

获奖情况

获奖等级：三等奖

项目所在地：上海市

完成单位：上海华永投资发展有限公司、上海市建筑科学研究院有限公司、上海市建筑设计研究院有限公司

项目完成人：袁松、安宇、杨慧璋、姚璐、张颖、章升旺、周晓飞、李定、杨晓双、叶剑军、樊荣、李晓、乔正珺、李鹏魁、陈娴

项目简介

华能上海大厦1号楼、2号楼建设地点位于上海市浦东新区世博园B片区B03D-02、B03D-04地块，东至世博馆路，南至国展路，西至长清北路，北至博航路，用地面积10405m²，总建筑面积89035m²，地上建筑面积50055m²，地下建筑面积38980m²。B03D-02地块容积率为6.0，B03D-04地块容积率为3.0，结构形式采用钢筋混凝土框架-剪力墙结构。项目于2013年开工建设，历经3年于2016年总体完工，2018年10月23日完成竣工备案，正式投入运营。项目于2015年7月获得三星级绿色建筑设计标识证书，于2019年10月15日获得三星级运行标识证书，于2017年8月获得2016年度上海市建设工程"白玉兰"奖（市优质工程）。

华能上海大厦1号楼、2号楼建筑整体实景照片

创新技术

1. 钢结构连桥及抗震设计（TMD阻尼器）

本工程1号楼和2号楼之间采用钢结构连桥相连，连接层数为地上4层到地上10层。连桥主梁高度为1.2m的箱型梁，一端铰接，一端滑动。整体结构材料均采用Q345C，沿长度方向2m间隔设置横向加劲板，厚度为18mm。在4~7层，由于建筑功能需求，在箱型梁上悬挑一块箱型截面梁，截面高度为600mm。本桥梁在设计时主要考虑竖向地震作用，取竖向地震影响系数最大值为水平地震影响系数最大值的0.65倍，并满足《高层建筑混凝土结构技术规程》JGJ3的相关规定。

通过在中部钢梁以及靠近中部钢梁的位置处安装6个TMD阻尼器，减振率达到65%。减振后的加速度能够满足人体舒适度的要求。

钢结构连桥

2.高性能围护结构

建筑围护结构按照上海市《公共建筑节能设计标准》DGJ08-107进行设计，屋面采用细石混凝土（40.0mm）+预拌砂浆（20.0mm）+泡沫玻璃160（130.0mm）+陶粒混凝土（30.0mm）+预拌砂浆（20.0mm）+钢筋混凝土（120.0mm），传热系数为0.48W/（m^2·K），透明幕墙玻璃构造有采用3层/4层玻璃构造：8+1.52PVB+6（Low-E）+12A+8mm钢化夹胶中空玻璃；8+1.52PVB+6（Low-E）+12A+8+12A+8mm钢化夹胶双层中空玻璃，传热系数为1.23W/（m^2·K），遮阳系数SC达到0.29，指标参数远高于上海地区对该类建筑围护结构的热工性能要求。

3.分布式能源系统

考虑数据机房的使用需求，项目在B1层配备了两套分布式能源装置，主设备采用的发电设备为燃气内燃发电机组。发电机组的余热主要是以高温烟气（460℃）和高温体冷却液（80~90℃）的形式存在。每台机组中的这两部分余热作为驱动能源各自一对一配置了烟气热水型溴化锂吸收式冷热水机组。整套装置的综合利用效率86%，2019年度全年发电量1999968kW·h，制冷量1208500kW·h，制热量881300kW·h，有效节约费用约35万元。

溴化锂吸收式冷热水可以与能源中心并联向华能大厦空调系统供能；单台机组供能量（冷或者热）400kW。夏季供冷水，冬季供热水，春秋季节在供冷水优先的基础上具有同时供热水功能。

4.能源利用

项目利用B片区三联供能源站提供冷热源，节约输配系统能耗，按空间选用适合的末端形式，实现了供暖通风空调系统全年节约能耗16.10%。

采用全热回收热泵式溶液调湿新风机组，其全热回收效率不小于60%，冬季新风经热回收机组后空气焓值增加$\triangle h$=18.85kJ/kg，夏季新风经热回收机组后空气焓值减少$\triangle h$为26.15kJ/kg。采用热回收设备将会增加空调机组的初投资，但回收的热量可以带来空调机组运行费用的减少。

根据能耗监测系统的数据，对全年耗能量进行分析，建筑总能耗为3157189.6tce；单位面积电耗为98.5kW·h/（m^2·a），折算成标准煤为35.5kgce/（m^2·a）。根据《综合建筑合理用能指南》DB31/T555的规定，比合理值降低25%。

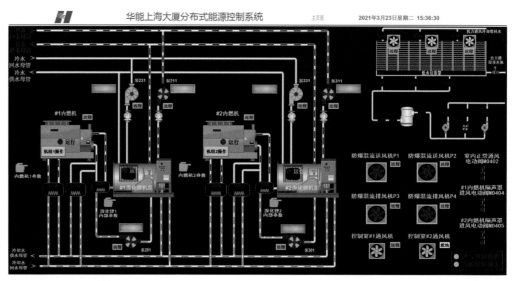

分布式能源控制系统界面

室外场地绿化及采光天窗实景照片

屋顶绿化实景照片

电致变色玻璃采光天井实景照片

电致变色玻璃采光天井遮阴状态下的实景照片

5.室内环境改善

声环境：建筑利用建筑围护结构（玻璃幕墙系统）形成良好的声屏障，保障室内背景噪声环境；办公区采用动静分区的空间设计，办公空间相对独立，通过内幕墙进一步减小外界噪声干扰；设备系统采用低噪声、低振动、带消声设备。运营期间实测显示建筑内背景噪声指标、构件隔声指标均优于相关标准要求。

热湿环境：良好的围护结构可有效避免结露、发霉现象。通过设计优化保证室外有良好风场环境，为室内通风营造有利的边界条件。空调末端设有各主要功能空间，优化出风口设计，风速可调节。

室内温湿度指标满足舒适度（PMV）要求，室内人员活动区域93.05%的功能空间满足换气次数大于2次/h的要求。对使用者进行满意度调查，结果显示室内空气品质满意度达到96%，温度、湿度满意度达到96%、98%，总体满意度达到98%。

场地利用塔楼屋面进行屋顶绿化面积，种植面积为1613m²，占建筑屋顶可绿化面积的49.8%，同时利用建筑物实现有效遮阴，遮阴措施主要为建筑日照投影遮阴，遮阴面积为该时间段内有4～8h处于建筑阴影区域的户外活动场地面积。

采光环境：地下多功能厅上方采光天窗设置电致变色玻璃，营造别致景观，并兼顾遮阳/采光两种场景模式。地下室通过采光天井、采光天窗的设计将自然光引入地下1层，16.9%区域满足采光要求。室内办公区通过玻璃幕墙和适宜的窗墙比（>0.5）建筑立面设计，保证95.49%主要功能区的室内自然采光环境良好；室内办公区域均设置可调节内遮阳卷帘，起到防止眩光的效果。经现场实测，统一眩光值满足《建筑照明设计标准》GB 50034中对办公建筑的要求。

6.室内空气品质提升

主要功能房间（办公室、会议室、多功能厅）的全热新风换气机均设置粗中效过滤器（G4+F7）以及纳米光子净化装置，并设置了冬季加湿处理设施（高压微雾加湿），以满足室内人员的较高舒适度需求。

在各楼层新风回风口处安装与新风系统联动的CO_2传感器；各层设置温度、湿度、PM2.5、PM10空气品质监测装置；地下车库内设置CO监测系统，并与排风系统联动。

对室内环境指标进行全年监测、定期检测，室内污染物浓度比标准指标降低30%。

7.太阳能光伏发电系统

1号楼、2号楼屋面设有共95kW的光伏发电装置并网发电。采用的组件功率为250W、1640mm×992mm×40mm阵列。1号楼屋顶组件数量为180块，容量为45kW；2号楼屋顶组件数量为200块，容量为50kW。共设置95kW，在2019年度光伏系统贡献发电量为93380kW·h，节约电费达到91046元。

专家点评

该项目采用了钢结构连桥及抗震设计，在中部钢梁等位置处安装TMD阻尼器，减震率达到65%，满足了安全耐久的要求，减震后的加速度能满足人体舒适度要求。所采用的高性能围护结构性能参数高于上海地区相关标准的5%以上，形成了良好的隔声屏障，降低了室内背景噪声环境。通过动静分区设计以及自然采光设计，营造了良好的室内声光环境。采用的高性能围护结构可有效避免南方潮湿地区结露发霉现象，整体改善室内环境。通过分布式能源系统提供冷热电三联供，综合利用率达86%。项目在安全耐久、能源节约、健康舒适等方面体现出绿色建筑的优势与作用。

电致变色玻璃采光天井采光状态下的实景照片　　大堂实景照片

屋顶太阳能光伏板实景照片

陈家镇实验生态社区4号公园配套用房

获奖情况

获奖等级：三等奖

项目所在地：上海市

完成单位：华东建筑设计研究院有限公司、上海陈家镇建设发展有限公司、上海市建筑科学研究院有限公司、华东师范大学

项目完成人：瞿燕、黄明星、张君瑛、刘智伟、赵常青、戎武杰、安宇、胡国霞、林琳、刘羽岱、陈新宇、陈湛、王东、张伟伟、刘剑、宋亚杉、张小波、张琼芳、费赛华、秦岭

项目简介

陈家镇实验生态社区4号公园配套用房位于崇明陈家镇实验生态社区4号公园内，位于生态公园的景观主轴上。设计之初作为整个生态公园的配套服务中心，负担生态社区的展示功能与公众活动功能，现为华东师范大学崇明生态研究院办公用房。总建筑面积5511.2m²，用地面积55816.9m²。建筑设计采用极简的"一"字形体，方正简约。宽约20m，长约100m。项目于2015年获得国家绿色建筑三星级设计评价标识、上海市绿色建筑贡献奖，2016年获得上海市优秀工程咨询成果二等奖、上海市建筑学会科技进步奖二等奖，2017年获得Construction21绿色解决方案奖入围奖，2019获得上海市优秀工程设计绿色建筑专业一等奖、上海市优秀工程设计二等奖等多项荣誉。目前正在创建绿色建筑三星级运行标识认证。

建筑效果图

创新技术

1. 与周边环境特点相融合的生态环境营造

根据项目位于生态公园景观主轴上的独特位置特点，综合考虑建筑形态、风场优化、场地径流控制及建筑本身隔热性能等多项因素进行设计优化。

（1）融入环境的整体布局与风环境改善：将建筑沿景观主轴方向布置，在建筑东、西两侧多功能厅、书法室和西侧机房顶部设置自然堆土坡，既能减小建筑体量对环境的影响，起到引导游客的作用，又可以利用土坡遮挡冬季寒风，引导夏季风进入室内。

（2）增强雨水调蓄的大面积绿化与透水地面设置：设计大面积复层绿化，并设置透水混凝土、透水沥青与透水胶粘石路面，使雨水能充分入渗与调蓄，总透水地面占室外面积比例达95.6%。

（3）充分利用场地堆坡的屋顶绿化设置：利用屋面土坡设置植草绿化，面积达1230.8m²，占屋顶可绿化面积的30.4%，使建筑与周边公园绿化融合于一体，有利于调节微气候，增强屋顶的隔热性能。

（4）"雨水—河道—水景—绿化"四位一体的非传统水利用方案：对屋顶场地与绿化雨水进行回收，并利用景观水池、河道等对雨水调蓄达到水资源综合利用。河道和水景提供雨水调蓄储存空间，绿化提供雨水入渗场所，有效防止城市内涝。水景和绿化为雨水提供处理场所，避免雨水对河水造成污染。项目非传统水源利用率达到70.91%。实现年节约运行费用5.09万元。

2. 建筑机房与监控室噪声控制设计与优化

冷热源机房和变电所放置于建筑主体西侧的人工景观堆土下，远离建筑主体噪声较大的空调机房等相关设备。机房与监控室被放置于建筑主体一层的北侧，远离主要功能房间。机房与报告厅间设置阶梯式走廊，避免噪声通过隔墙的振动传递。结合机房与设备监控室内墙面的吸声构造以及设备减振措施，能源中心建筑的室内设备噪声得到了理想的控制，达到了高标准要求。

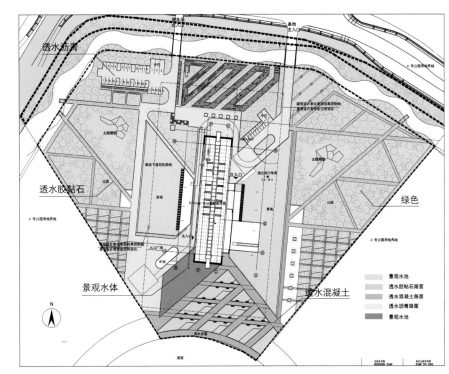

场地透水铺装及景观水体布置

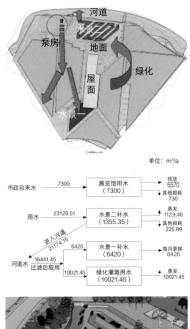

雨水与地表水综合利用优化

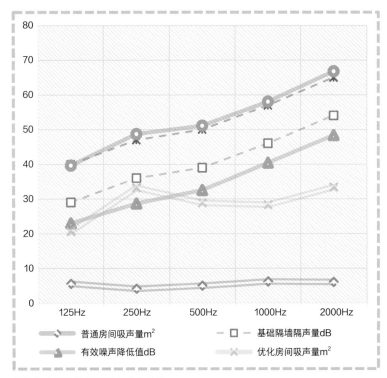

墙体隔声构造优化及吸声构造优化

3．不利朝向下建筑本体被动节能设计策略

（1）充分利用建筑体形自遮阳，适当设置固定百叶的遮阳设计：针对建筑东西不利朝向，首先利用东西侧8.1m高土坡及2层建筑出挑、玻璃内凹等设计手法对玻璃幕墙部分进行自遮阳，可减少西向43.73%的辐射量。同时在2层东西外墙外设穿孔铝板幕墙对整个立面进行遮阳，大幅降低建筑负荷。在此基础上根据遮阳分析，在需要遮阳的2层东南侧玻璃幕墙外设置少量固定的横向金属百叶补充遮阳，使整个建筑夏季所受太阳辐射均控制在较低的水平。

（2）采光天窗、隔墙窗洞与导光管相结合的采光优化设计：根据建筑展厅的功能性质，为防止眩光，东西向只设置了矮窗与窄竖条窗并利用穿孔铝板进行遮挡。为改善采光效果在展厅及中部坡道顶部增设采光天窗，采光系数可由1.15%提高到4.41%。同时对内部隔断优化，坡道两侧墙上开设墙洞，增强中部天窗对2层空间的间接采光效果。此外，东侧土坡下书法交流中心上部对应位置分散设置10个导光管，将天然光引入到草坡下的交流中心空间，采光系数由1.23%提高到3.58%。

（3）开放式幕墙、中转窗与拔风天窗合理组织风路的自然通风设计：利用东西两侧墙的矮窗与竖向条窗组织通风，将外层穿孔幕墙为开放式。南北两侧设置落地中转窗，可以全部打开通风。中轴顶部设置拔风天窗，内部设置中庭与上下连通的坡度，使气流上下贯通。90%的房间通风换气次数超过5次/h。

4．充分利用场地资源条件的能源系统优化及耦合

结合项目周边资源现状及建筑负荷特点，提出地埋管及地表水复合式系统解决建筑全年空调用能需求。

基于全年土壤冷热平衡，提出夏季采用湖水换热系统调峰措施。地埋管换热器按照承担80%的冷负荷、湖水换热器承担20%的冷负荷。该系统全年节能率达21.33%。基于性能化分析软件，提出地源热泵全年优化运行控制策略，实现系统高效运行。结合项目有生活热水需求的特点，同时作为地埋管全年冷热平衡的措施之一，地源热泵机组采用带冷凝热回收功能，夏季回收部分冷凝热，供生活热水供热，年节省运行费用约1万元。

项目光伏系统的装机容量以年发电量达到建筑总电耗的40%以上为设计目标，并对女儿墙和屋顶凸天窗的高度对光伏布置区域的影响进行了分析。女儿墙高度为1.1m时可以防止屋面设备暴露在人员视野之内，同时将光伏阵列距女儿墙1m布置，以确保光伏系统的效率，防止热斑效应的发生。当天窗高度为2.4m时，距离女儿墙8m以内的太阳能辐照量能保持在12MWh/m²以上，可以满足光伏板发电需求，不会产生热斑效应。

主体外观

地埋管换热器与湖水盘管平面布置

屋面太阳能光伏板布置

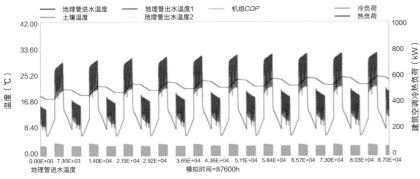

图例：
地理管进水温度　地埋管出水温度1　机组COP　冷负荷
土壤温度　地埋管出水温度2　热负荷

热泵运行10年土壤平均温度、埋管逐时出水温度和热泵COP

专家点评

该项目位于生态公园的景观主轴上，担负生态社区的展示功能与公众活动功能。设计充分发挥建筑专业的龙头作用，形成了建筑形态、地形、风场、场地径流、屋顶绿化之间的完美协调。建筑设计采用极简的"一"字形体，方正简约，节省材料。充分利用建筑体形自遮阳，降低建筑负荷。雨水调蓄与大面积绿化、坡地和透水地面有机结合，使建筑与周边公园绿化和雨水调蓄融合于一体，有利于调节微气候，增强屋顶的隔热性能。结合项目周边公园资源现状及建筑负荷特点，合理采用地埋管与地表水复合，完美解决建筑全年空调用能需求。项目在生态环境营造、被动节能策略、能源系统优化等方面体现出良好的示范作用。

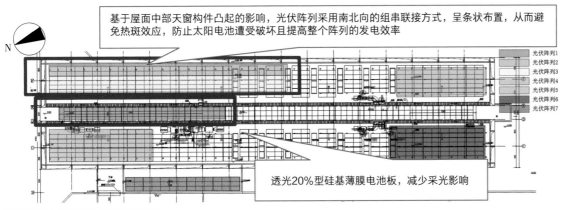

基于屋面中部天窗构件凸起的影响，光伏阵列采用南北向的组串联接方式，呈条状布置，从而避免热斑效应，防止太阳电池遭受破坏且提高整个阵列的发电效率

透光20%型硅基薄膜电池板，减少采光影响

光伏阵列1
光伏阵列2
光伏阵列3
光伏阵列4
光伏阵列5
光伏阵列6
光伏阵列7

建筑屋面太阳能电池陈列布置情况

湖水换热盘管集管

建筑场地

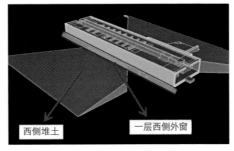

西侧堆土　　一层西侧外窗

一层西侧外窗及西侧堆土位置

穿孔铝板实景图

采光天窗

光导管

光导照明系统室外布置

上海中建广场项目1号楼

获奖情况

获奖等级：三等奖

项目所在地：上海市

完成单位：上海中建东孚投资发展有限公司、华东建筑设计研究院有限公司

项目完成人：孙弋宁、瞿燕、钱涛、李海峰、孙学锋、张丹丹、朱小琴、张继红、刘剑、王昊、范昕杰、杨艳萍、刘羽岱、郑文健、周大明、于偲、张飞廷、任婕、邹曦光、邹炫

项目简介

上海中建广场项目位于上海市浦东新区周家渡社区，整个地块总用地面积16573.7m²，总建筑面积75968m²，定位为5A级办公商业综合体，地上2栋塔楼为办公，裙房为商业。项目致力于打造绿色设计、绿色施工、绿色运营一体化的标杆性绿色建筑示范工程。其中1号办公塔楼为绿色三星及LEED铂金级双认证项目，于2015年12月获得国家绿色建筑三星级设计评价标识，2017年12月获得LEED铂金级认证。项目先后获得"创新杯"最佳BIM绿色分析应用奖一等奖、住房和城乡建设部绿色施工科技示范工程、上海市建设工程绿色施工样板工程观摩工地、上海市绿色建筑贡献奖等荣誉，并在2018年获得中国建设工程鲁班奖。

上海中建广场项目1号楼总体实景图

创新技术

1．以能耗目标为导向的性能化设计

项目开展以能耗目标为导向的建筑节能设计，设计之初首先确定合理的建筑能耗目标，综合上海市《综合建筑合理用能指南》DB31/T555中商务办公建筑的先进用能指标，以及项目5A级办公的定位，项目最终经充分模拟分析，将能耗目标确定为不大于100kW·h/（m²·a）（该指标为建筑总能耗，包括建筑全部用电、燃气）。基于该目标，完成围护结构节能参数、空调系统节能技术、电气设备节能、可再生能源等技术设计。

实际运营数据反馈验证了项目节能的效果。2019年整个商业办公综合体（1号办公塔楼、2号办公塔楼、3号商业裙房）总的单位建筑面积能耗102.6kW·h/（m²·a）（天然气按照发电煤耗法转换为kW·h），其中依据分项计量系统拆分出来的1号楼单位建筑面积总能耗为77.2kW·h/（m²·a），折算为标准煤是22.32kW·h/（m²·a），较上海市《综合建筑合理用能指南》DB31/T555中办公功能区域的先进值[≤33kgce/（m²·a）]降低了32%。

2．融入城市环境的共享开放设计

项目北侧沿河边的地带为城市公共绿地，由项目建设方代建。在项目设计时，将城市公共绿地与项目进行有机融合。从铺装设计、植物选择、路径设置上与项目场地景观统一考虑，并在建筑1层设置架空通道，便于公众和建筑内的用户进入城市绿地，充分实现了绿地和室外空间的开放性和共享性，以及建筑与场地环境的融合。

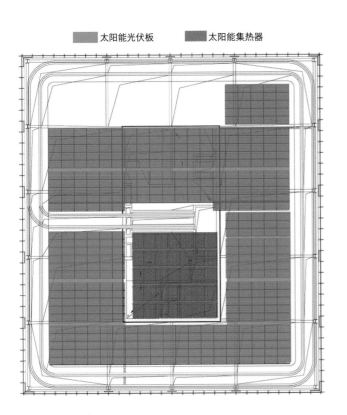

辐射分析

可再生能源布置方案

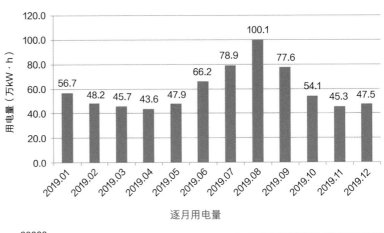

逐月用电量

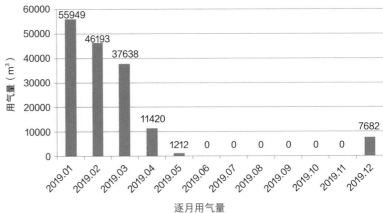

逐月用气量

屋顶光伏板

3．BIM技术的全过程应用

项目立项之初即计划在全寿命周期中引入BIM技术，辅助进行项目的设计、施工及运营。历经多年的设计、建设和运营过程，BIM技术的全过程应用已在多个层面实现。

设计阶段：辅助出图、建筑性能模拟分析、碰撞检查、净空检查、结构预留洞检查。

施工阶段：对模型构件进行分析及精确算量及工程量数据校验，模拟进度计划编排分配及对施工过程模拟，进行工程成本分析和预测。

运维阶段：建立BIM+FM运维管理平台，具有空间管理、设备管理、运维管理、能耗管理等模块。

4．绿色施工的集成与引领

在该项目的施工全过程中贯彻绿色施工理念和措施，应用了多项绿色施工创新技术，如现场塔式起重机基础采用支撑栈桥作为支撑体系、可周转水泥墩基座彩钢板围墙、现场柱模板加固体系采用改进的槽钢背楞加固、模板支撑架采用盘扣式脚手架、核心筒剪力墙采用木工字梁工具式大模板等，尤其是项目采用新型附着式升降爬架，在上海市是首次采用，整个架体密闭，防火、防尘性能好。

项目创建了住房和城乡建设部绿色施工科技示范工程并通过验收，并成为上海市建设工程绿色施工样板工程观摩工地。

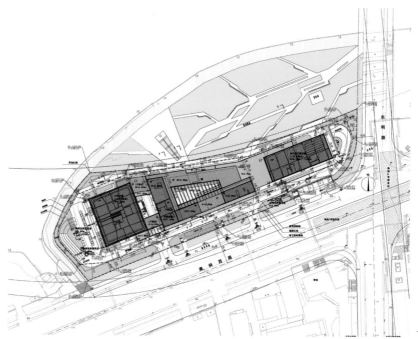

一层平面图

BIM+FM运维平台

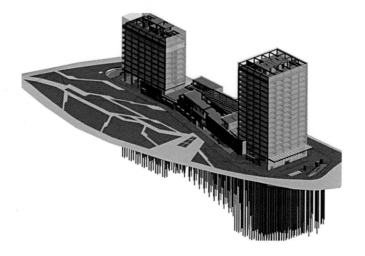

BIM模型设计

新型槽钢背楞柱加固体系

盘扣式脚手架

利用基坑支撑体系承托塔吊
（专利）

可周转水泥墩基座彩钢板围墙
（专利）

固体建筑垃圾制砖再利用

可周转柱脚成品防护

木工字梁大模板体系

新型附着式升降爬架

施工现场STT153变频塔吊

中建发展可周转箱式房

封闭式降噪混凝土泵房

施工现场裸土覆盖

绿色施工

实景照片

专家点评

该项目参照上海市《综合建筑合理用能指南》DB 31/T555—2014中商务办公建筑的先进用能指标，开展以能耗目标为导向的建筑节能设计，完成围护结构节能参数、空调系统节能技术、电气设备节能、可再生能源等技术设计。2019年实际运行单位建筑面积能耗数据达到了设计目标，其中1号楼单位建筑面积总能耗为77.2kW·h/（m²·a），较上海市《综合建筑合理用能指南》DB 31/T555—2014中办公功能区域的先进值［≤33kgce/（m²·a）］降低了32%。BIM技术应用于设计阶段、施工阶段及运维阶段，建立了BIM+FM运维管理平台，实现了空间、设备、运维、能耗等综合管理。在施工全过程中应用多项绿色施工创新技术，如现场塔式起重机基础采用支撑栈桥作为支撑体系、新型附着式升降爬架等，实现了建造方式的创新。

苏州工业园区体育中心服务配套项目

获奖情况

获奖等级：三等奖

项目所在地：江苏省苏州市

完成单位：中国建筑第八工程局有限公司、苏州新时代文体会展集团有限公司、上海建筑设计研究院有限公司

项目完成人：马怀章、陆国良、李建强、刘智勇、徐素君、赵晨、谢彬、梁申发、燕艳、彭影星、唐伟、徐晓明、彭浩、沈波、孙斌、田胜祥、陈永俊、潘海迅、徐旭、郑超

项目简介

苏州工业园区体育中心服务配套项目位于苏州市工业园区，用地面积3.24万m²，建筑面积10.29万m²，地上17层，地下2层，建筑高度86.90m。建筑功能包括商场、酒店和办公，配套服务于苏州工业园区体体育中心和周边城区。该项目创新性地提出了"体育公园商业综合体"概念，采用建筑空间形体与环境相结合的设计策略，优化天然采光和自然通风，综合应用冰蓄冷、太阳能热水和太阳能光伏等技术，采用雨水收集回用及调蓄，设计和建造阶段运用BIM等创新技术，打造成了一个有社会影响力的绿色环保商业综合体。该项目取得三星级绿色建筑设计标识和三星级绿色运营标识，曾获得LEED金级认证，国家优质工程奖等奖项和荣誉。

建筑与周边环境

创新技术

1. 改善场地微环境、微气候

项目从场地周边环境、建筑形体和布局、室外和建筑外表面材质、景观绿化等方面综合考虑,通过对相关影响因素在建筑设计中的优化,改善场地微环境、微气候。项目在设计中对裙房与主体建筑连接处设置14.4m宽、4.7m高架空通道,使下沉广场与体育公园气流通畅,为与地下轨道交通站点相联系的室外通道创造了舒适的风环境。为创造良好的室外景观,设计结合场地与建筑形体,布置立体绿化。下沉式广场种植乔木、灌木和草地;室外布置花坛,种植乔木;屋面阶梯平台上,种植屋面和花园相结合,室外设置茶座,给人们提供惬意的室外休闲、交流空间。

2. 优化天然采光和自然通风

为改善大型商业空间的室内环境,项目利用下沉式广场,把室外自然光线和通风引入地下室内空间沿裙房的长条形布局。建筑中庭天窗采用电动内遮阳系统,减少夏季太阳辐射。遮阳系统采用智能控制系统控制开启,根据室外光线变化调节内遮阳。

塔楼采用南北向板式平面布局,靠近外墙四周为有良好采光和通风条件的主要功能房间,电梯间等附属用房布置在平面中间位置,保证室内有良好的采光和通风,同时有最佳视野,俯瞰环境优美的体育公园。为实现过渡季节利用自然通风,透明玻璃幕墙均匀设置开启扇,开启面积占透明幕墙面积的8.1%。房间开启扇采用上悬窗。室内气流流动理想,空气质量佳,能向用户提供较好的室内环境。

建筑与下沉广场

商业中庭

3．开发建筑外遮阳的多功能

项目外窗采用水平固定遮阳措施和高反射材料的内遮阳。水平固定遮阳板距幕墙挑出900cm，由乳白色铝合金板制成，与幕墙模块内30cm深的竖向结构构件连接。建筑外遮阳除了遮阳功能，它还成为夜景最佳的展示屏。体育公园为市民们夜间休闲娱乐游憩的场所，特别是体育公园赛事和大型活动期间，这里成为城市最密集、集聚的地方。塔楼是体育公园最高建筑，夜间利用建筑外立面作为投射屏，水平向外遮阳板成为实现展示屏的最佳载体。外遮阳板最外端设置LED照明灯带，可在夜间形成多变的、富有韵律感的彩色夜间照明，通过程序设定可为特定品牌播放广告，或在大型赛事期间作为大型计分板。

外遮阳

4．提高室内空气质量

项目人员密集区的空调系统，新回风管设电动调节风阀，在冬夏新风负荷高峰时，根据CO_2浓度调节新风量，过渡季加大新风量。酒店和办公空调新风系统，设置初效、中效空气过滤器；商业空调及新风系统，设置初效、中效讨滤器；集中空调系统的新风、回风管设应急关闭风阀。公共场所的集中式空调系统设置空气净化消毒装置。从第三方室内空气现场检测结果来看，室内空气质量好于国家标准要求。项目室内装修选用环保材料，室内空气质量低于国家标准限值30%以上。

办公室

中庭天窗内遮阳

酒店大堂

酒店走廊内景

5．降低综合能耗

本项目综合利用能源，采用冰蓄冷、市政蒸汽余热利用、太阳能生活热水和太阳能光伏等综合技术，获得显著节约能源效益。项目运行过程中减少能耗和水耗，带来了明显的环境效益。项目运行一年来节约用电1647024kW·h，节约天然气16839m³，节约用水3221m³，年减少CO_2排放量为1541.41t/a。

专家点评

该项目创新性地提出了体育公园商业综合体概念，采用建筑空间形体与环境相结合的设计策略，优化天然采光和自然通风，综合应用冰蓄冷、太阳能热水和太阳能光伏等技术，减少常规能源消耗，并最大限度利用可再生能源。采用雨水收集回用及调蓄，增大雨水入渗量和蓄积量。室内装修选用环保材料，空气质量优于国家标准要求。设计建造阶段运用BIM等创新技术，为项目绿色安全运营提供保障。项目室内装修选用环保材料，室内空气质量优于国家标准要求。项目通过综合采用上述技术打造成了一个有社会影响力的绿色环保商业综合体。

屋顶太阳能集热器与光伏板布置

雨水机房

热水机房

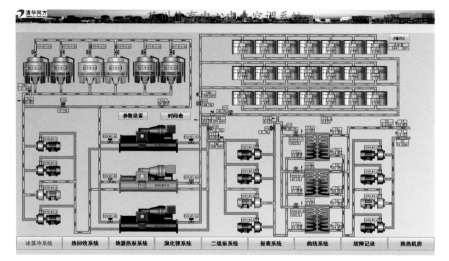

能源系统

海门龙信广场1~14号楼

获奖情况

获奖等级：三等奖

项目所在地：江苏省海门市

完成单位：江苏龙信置业有限公司、中国建筑技术集团有限公司

项目完成人：史惠强、程志军、狄彦强、李颜颐、徐少伟、孔令标、张晓彤、殷佩锋、李小娜、甘莉斯、狄海燕、沈剑、李玉幸、刘芳

项目简介

海门龙信广场1~14号楼项目位于海门市中心区地带，南靠东海路，北倚南海路，东临长江路，西邻越秀路。

本项目均为塔式住宅。用地面积55832.97m²，建筑总面积196766.24m²，其中地上建筑面积157155.49m²，地下建筑面积39610.75m²，建筑基底面积8628.886m²，绿地率51%，总户数1406户。

本项目获得绿色建筑三星级绿色建筑评价标识。

海门龙信广场1~14号楼项目鸟瞰图

项目整体外观效果图

创新技术

本项目为实现绿色建筑三星级目标，在基于三星级绿色建筑技术设计要求的基础上，采取了一系列技术和管理创新。

1．高效集中地源侧分户热泵供能系统

本项目采用集中地源侧分户地源热泵系统，机组分户安装在设备平台，控制装置少，水路配置简单，控制方便。故障率低，各机组独立运行，可以减少降低运行费用，地热可再生能源应用充分。

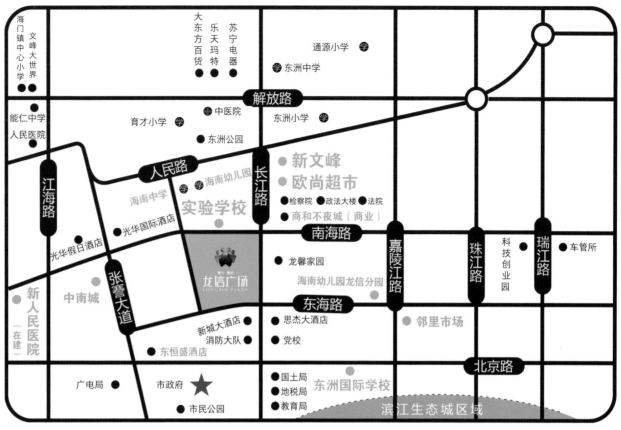

平面区位图

分户地源热泵机组外观图

2．高性能围护结构+高效供能末端

本项目围护结构的热工性能比国家现行标准节能提高10%以上。外窗的可开启面积比超过35%，主要功能房间铝合金型材中空玻璃内置遮阳一体化平开窗，室内采用风机盘管加新风换气系统、低温热水地面辐射供暖系统。

高性能门窗

室内风机盘管

室内新风口

3．建筑布局优化合理

本项目地理位置便利、配套设施齐全。无障碍设施齐全，人车分行且停车设计合理。小区建筑布局有利于室外风环境和实现日照，采取乔灌草结合的复合绿化。混合收集雨水用于绿化浇灌。

总平图

4．节材措施应用多样

项目应用多种节材措施，在项目中应用工业化预制构件，预制构件占比为54.34%。应用高强度材料占比97.37%，可循环材料占比6.3%。采用了耐候性好、易清洁、环保的真石漆外饰面材料和壁纸陶瓷面砖室内饰面材料，达到了综合节材的效果。

5．管理制度健全规范

本项目设置了健全的管理制度，采用集成智能化系统、高效信息化系统在园林绿化管理、垃圾分类管理、公共设施维护、小区安保监控等方面管理规范、措施得力。

雨水回用设备建成后每年可直接集蓄利用雨水9670.3m³，按当地居民生活用水水价计，每年可节约水费1.7万元。若考虑节水增加的国家财政收入、消除污染而减少的社会损失和节省城市排水设施的运行费用等间接效益，每年可收益3~5万元。

小区采用地源热泵系统供暖（空调）、提供生活热水的住户比例达到100%，年节约常规能源1.6×10^7kW·h，系统寿命按照15年计算，地源热泵系统应用投资回收年限为5.4年。

本项目在节约能源与资源的同时，为住户提供更为舒适的居住空间，推进住宅小区建设"绿色"化，具有良好的社会效益。项目整体实现了绿色建筑三星级目标，在建筑的全寿命周期内，实现了资源节约最大化，环境影响最小化，具有很好的环境效益。

专家点评

该项目采用地源热泵系统，机组分户安装，降低运行费用。围护结构的热工性能与国家现行标准相比有较大提升，且保证了外窗的可开启面积。主要功能房间采用了铝合金型材中空玻璃内置遮阳一体化平开窗。项目应用工业化预制构件比为54.34%，高强材料占比97.37%，可循环材料占比6.3%，节材效果较好。采用集成智能化系统、高效信息化系统在园林绿化管理、垃圾分类管理、公共设施维护、小区安保监控等方面管理规范、措施得当。项目在节约能源与资源的同时，为住户提供舒适的居住空间，有效推进住宅小区建设的"绿色"化。

智能监控平台

厨房实拍图

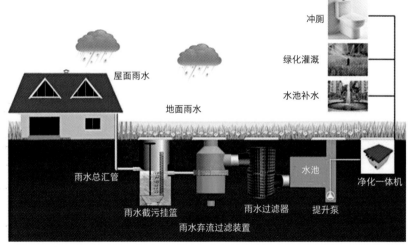

雨水处理装置原理图

扬州市蓝湾国际22～39、48、49号楼项目

获奖情况

获奖等级：三等奖

项目所在地：江苏省扬州市

完成单位：恒通建设集团有限公司、扬州裕元建设有限公司、扬州通安建筑节能研究有限公司、南京启文节能环保科技有限公司、江苏筑森建筑设计有限公司、江苏恒通不动产物业服务有限公司

项目完成人：陈有川、李晓金、蔡俊、王桂发、崔庆华、吕君、陈贵礼、李家彬、赵万伟、严峰

项目简介

扬州市蓝湾国际22～39、48、49号楼位于扬州市邗江区兴城西路与真州中路交叉口西南角，用地面积11.34万m²，建筑面积15.37万m²，地上5～18层，地下1层，建筑高度17.01～53.40m，主要功能为居住建筑。遵循"绿色住区，以人为本"理念，采用高性能围护结构、地源热泵空调系统、新风热回收、雨水回收利用、智能节水喷灌、地下车库CO浓度监测等多项绿色技术节能措施，营造了人性化、舒适而节能的室内外环境。项目于2018年9月获得国家三星级绿色建筑运行标识，并先后获得广厦奖、詹天佑奖优秀住宅小区称号、江苏省三星级能效测评等级证书、国家三星级绿色建筑设计标识认证、江苏省标化文明工地称号、江苏省可再生能源建筑应用工程示范称号等多个奖项和荣誉。

扬州市蓝湾国际22～39、48、49号楼项目鸟瞰图

地源热泵

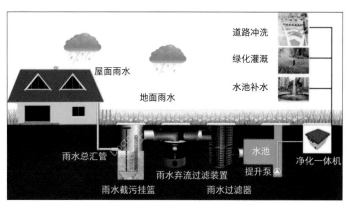

雨水收集处理

创新技术

1. 可再生能源利用（地源热泵空调系统）

项目选用高性能地源热泵空调系统对各住户供冷、供热以及热水供应。充分利用可再生能源，采用地源热泵系统，相对于采用传统冷水机组空调系统可降低30%以上的能源消耗。

系统地源侧和空调侧均为变频水泵，同时采用设备自动控制系统，能够监测系统的各项指标，实现机房的自动控制，保证系统的正常运行。住户末端分别设置温控面板，实现分户控温，可再生能源利用率为100%。

绿化节水喷灌

设备类型	额定制冷量（kW）	额定制热量（kW）	性能参数（W/W）		
			实际设备	标准要求	提升幅度
PSRHH560 3C-Y	2064.80	2057.50	6.10	5.6	8.93%
PSRHH330 2C-R-Y	1211.40	1212.70	5.95	5.6	6.25%

2. 新风热回收

项目在厨房设置全热交换器，热回收率不低于65.21%。每年节约运行费用12.99万元。

3. 充分节约水资源（雨水收集处理系统、绿化节水喷灌系统、喷灌智能控制系统）

项目实施绿色雨水生态回用系统，包括雨水收集处理系统、绿化节水喷灌系统、喷灌智能控制系统。三个系统紧紧围绕减少径流系数，缓解城市排水压力，缓冲洪峰，降低地表水污染，最大程度收集利用、渗透、减少雨污混流，高效合理利用雨水系统为目标。通过这些设备对雨水进行有效管理，让雨水恢复原生态循环，实现低冲击开发雨水利用理念，助力项目成为节能环保的绿色建筑。

外遮阳

项目的雨水收集处理系统，主要收集屋面雨水，经处理后用于室外绿化灌溉、道路浇洒和水景补水等。全年使用非传统水源量为9938t，市政自来水总用水量为51972t，非传统水源利用率达到19.12%。不仅实现了项目绿色节能运行，同时降低项目运行使用成本。

4．安全舒适居住环境（遮阳方式）

项目改变传统外遮阳安装方式，为使节能门窗与外遮阳一体化施工，在节能门窗顶部增加44mm×100mm隔热断桥铝合金方管及可拆卸式固定中空磨砂玻璃，从而解决了外遮阳系统今后内检修问题，改变了传统外遮阳外检修方式，保证了维修人员在维修过程中的安全性。

5．环境监测（地下车库CO监测系统）

项目在地下车库设置CO浓度检测装置并与排风设备联动，每个地下车库排烟分区设置1套系统，包括控制器及现场点型探测器，当CO浓度高于50ppm时自动由控制器联动风机进行换气通风，保证车库空气质量。

CO监测

项目北入口

专家点评

该项目遵循"绿色住区，以人为本"理念，顺应江南水乡文化和项目地形地貌，将建筑单体与环境融合。同时，应用了一系列的绿色创新技术，如地源热泵空调系统、新风热回收、雨水回收利用、智能节水喷灌等。节能门窗与外遮阳一体化施工，降低维护难度，提高围护结构热工性能，营造了人性化、舒适而节能的室内外环境。

项目立面图

项目夜景图

项目鸟瞰图

浙江建设科技研发中心

获奖情况

获奖等级：三等奖

项目所在地：浙江省杭州市

完成单位：浙江省建筑科学设计研究院有限公司、浙江建科节能环保科技有限公司、浙江省建科建筑设计院有限公司、浙江省建工集团有限责任公司、浙江工程建设管理有限公司、浙江建科物业管理有限公司

项目完成人：林奕、马旭新、曾宪纯、王立、周萌强、徐少华、邢艳艳、苏翠霞、杨敏、方徐根、肖文芹、张美凤、李飞、王雪峰、洪佐承、刘亚辉、陆辰涛、赵丹、梁利霞、魏玮

项目简介

浙江建设科技研发中心位于浙江省杭州市，总规划用地面积为10894m^2，新建建筑总建筑面积为51409m^2，其中地上15层，地下3层。建筑功能主要为科研业务用房，配套有餐厅、报告厅、图书阅览等共享空间。项目重点开展了对夏热冬冷地区公共建筑绿色技术的适用性研究，创新性地研发并示范应用了多项新技术，实现了低成本高效率的绿色建筑全过程创建，形成了夏热冬冷地区可复制、可推广、可验证、经济合理的适用性绿色建筑集成技术体系及示范，为浙江省乃至我国夏热冬冷地区的绿色建筑规模化发展提供样板和借鉴。项目于2018年获得二星级绿色建筑运行标识，并先后获得浙江省建筑业绿色施工示范工程、浙江省建设科学技术奖二等奖、国家优质工程奖等奖项。

浙江建设科技研发中心实景图

创新技术

1. 地下室混凝土渗漏缺陷修复与自修复技术的研究与应用

防渗漏水技术，对开发利用地下空间至关重要。项目地下室有3层，地下建筑面积占总建筑面积的34.2%，在施工过程中，地下室底板、地下连续墙（两墙合一）局部区域混凝土出现渗水现象，经采用本单位研制生产的"双组份防渗硅化剂"处理后，渗漏水问题得到了很好的解决。"双组份防渗硅化剂"可以根据渗漏水的严重程度，控制结晶体产生的速度，适用于工程渗漏水修复；由于活性成份的作用，对后期因各种原因产生的微细裂缝渗漏水具有多次自修复功能；结晶体为无机成份，可与混凝土结构同寿命；施工简便、成本低、无污染。

2. 结构智能安全监测系统在绿色建筑运营管理中的研究与应用

项目从工程桩施工阶段开始实施，在基桩、剪力墙、柱、梁中等重要的建筑构件内埋入光纤光栅传感器，并采取可靠的工艺保证其成活。通过光纤光栅解调仪将传感器光信号数据源解调成电信号数据源并采集至现场电脑；在中央控制室通过远程控制技术、远程唤醒技术及无线通信技术，构建远程网络监测系统，实现在控制室对建筑的结构动力特性及重要构件行为实施长期实时监测，并对其超限行为进行报警。

基层处理

低压喷雾器喷洒硅化剂

远程安全监测电脑界面

振动响应数据采集设备的连接

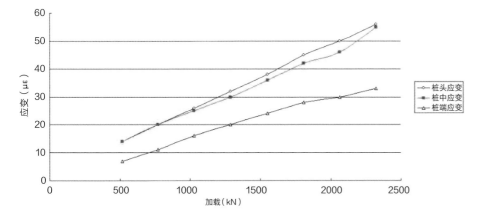

项目抗拔桩监测数据图表

加载级	加载力值（kN）	桩头位置应变（με）	桩中位置应变（με）	桩端位置应变（με）
1	516	14	14	7
2	774	20	20	11
3	1032	26	25	16
4	1290	32	30	20
5	1548	38	36	24
6	1806	45	42	28
7	2064	50	46	30
8	2322	56	55	33

3．夏热冬冷地区外围护结构节能适宜集成技术研究与应用

外墙采用了自主研发的无热桥自保温烧结页岩砌块，墙体的传热系数小于 0.85W/（m²·K）。外窗采用了自主研发的双层窗中置活动遮阳系统，整窗综合遮阳系数达到0.1～0.12。

4．节能监测及智能控制集成系统的研究与应用

项目设置地下室智能照明控制系统，通过控制每盏灯管亮度来实现灯光节能化智能控制。利用微波感应器检测车辆及人员活动情况，通过楼宇集中控制器的逻辑分析控制LED灯管的亮度，实现车来灯亮，车走灯暗，实现了中央控制、本地控制、定时控制、感应控制和节能量分析等功能。

5．绿色建筑能源与环境管理控制展示平台开发与应用

项目利用自主开发的绿色建筑能源与环境管理控制展示平台，进行智能化运行。采用中央数据处理中心系统，集成了能耗监测、主要设备控制、地源热泵监测、光伏监测、无线无源管理控制、地下车库LED智能照明、空气质量监测、雨水回用监测、安防、停车、消防、泛光照明、电梯梯控系统等，提高大楼管理的智能化程度和集中化程度，向使用者提供一个安全、高效、舒适、便利的建筑环境。

未应用前，常开高亮

车辆经过时高亮

无车辆经过时微亮

外墙与外窗

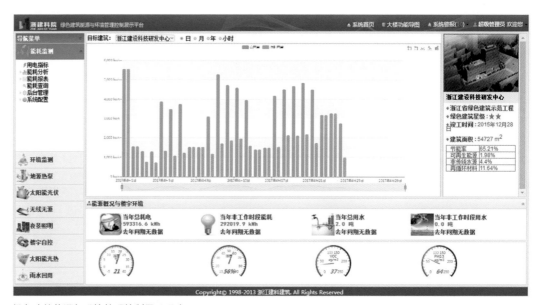
绿色建筑能源与环境管理控制展示平台

6．可再生能源集成研究与应用

（1）采用光伏复合绿化的建筑屋面：采用花园式盆栽绿化种植屋顶，同时盆栽绿化植物上方，架立布置了透光率为25%的光伏板作为花园阳光屋顶，光伏板的面积约400m²。在主楼屋顶及裙楼屋顶共安装多晶硅双玻透光组件241片，发电的同时保证了屋顶植物的自然采光效果。

（2）地源热泵系统：项目保留建筑一栋，为原有综合试验楼，楼内空调系统和生活热水系统采用地源热泵系统，项目利用该地源热泵空调机房为新建办公楼B楼1层、2层提供空调系统冷热源，充分利用可再生能源，降低空调安装费用，节省运行费用。同时保留可再生能源–地源热泵系统科研实验平台，继续积累运行数据，为后续研究提供基础参数。

专家点评

该项目采用"双组份防渗硅化剂"对地下连续墙渗漏进行修复，明显提高了防水材料的结晶速度，防水效果更有保证，有利于提高建筑结构耐久性、安全性。项目通过现代远程控制技术及无线通信技术，构建了远程结构智能安全监测系统，有利于建筑结构的使用安全。通过采用自主研发的创新的外墙和外窗结构，提高了围护结构的热工性能。此外，项目还通过绿色能源、智能监测及控制集成系统的应用为使用者提供了安全、高效、舒适、便利的建筑环境。

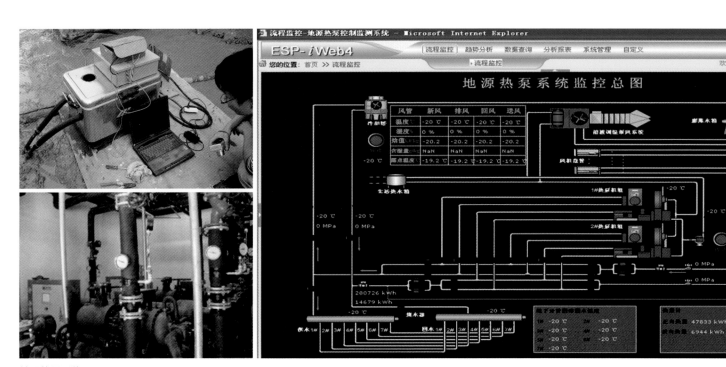

地源热泵系统

光伏复合绿化屋面

浙江大学医学院附属第四医院项目

获奖情况

获奖等级：三等奖

项目所在地：浙江省金华市

完成单位：浙江大学医学院附属第四医院、浙江五洲工程项目管理有限公司、浙江省建筑设计研究院、爱玛客服务产业（中国）有限公司义乌分公司

项目完成人：周庆利、李强、瞿龙、姚佳丽、楼樱红、骆临华、连志刚、徐佳、邹滔、陈志青、骆高俊、马建民、姜雯、朱恬岚、骆健东、张传开

项目简介

浙江大学医学院附属第四医院项目位于浙江省金华市义乌市，总征地面积126176m²，用地面积102650m²，总建筑面积为110008m²，其中地上83169m²，地下26839m²。项目医疗大楼的病房部分为15层，门诊、医技为高层建筑的裙房，其余建筑均为多层建筑。本项目采用了太阳能热水系统、智能照明系统、室内环境质量监控系统、高效设备系统、自然采光系统、可调节外遮阳系统、雨水回收利用系统、微喷灌系统等多项绿色建筑新技术。项目于2014年获得绿色建筑二星级设计标识，2016年获得绿色建筑二星级运营标识，2017年7月获得2017年度浙江省建设工程钱江杯（优秀勘察设计）综合工程一等奖，2017年11月获得2017年度全国优秀工程勘察设计行业奖优秀建筑工程设计二等奖。

浙江大学医学院附属第四医院全景图

创新技术

1. 外遮阳设计

项目设置多种形式外遮阳，改善室内热舒适。裙房南立面设置铝合金遮阳百叶，选择了宽度为300mm宽的梭形百叶，百叶通过70mm×4mm钢管支座及M10mm×50mm不锈钢装饰螺栓与主立柱连接，具有遮阳效果；裙房门诊大厅上空玻璃顶采用电动可调节百叶，总共面积是266m²。百叶系统由电动控制系统组成，可任意角度转动，可以通过遥控器进行调节。

浙江大学医学院附属第四医院外遮阳设计

可调外遮阳

固定外遮阳

2．可再生能源

本项目在医疗大楼地下1层餐厅设热交换器，回收利用排风中的热量，形式为板式全热交换器，热回收率为65%。

本项目为充分利用可再生能源，采用太阳能热水系统，在裙房屋顶设置太阳能热水系统，采用集中供热式系统，作为医院热水系统的辅助热源。集热板面积756m²，配套40t集热水箱和20t储热水箱，系统热水供量39.3m³/d，为建筑使用者提供热水需求。

3．雨水收集利用

本项目采用非传统水源利用系统。收集项目内的雨水，雨水经管网汇流经过初期雨水弃流，进入雨水蓄水池内储存。当需要用水的时候把蓄水池中的雨水或景观湖中的水用提升泵达到雨水处理设备中，经过处理可用作绿化灌溉、景观补水、道路冲洗。

4．自然采光

本项目在裙房采用多处内院，此外还多处采用玻璃顶棚，实现自然采光，改善室内及地下室的自然采光效果。本项目在前广场绿化带及通道处设置自然采光系统（导光筒），引入自然光，改善前广场地下室的自然采光效果。

建筑以内采光庭院格局提供了新颖舒适的办公环境，室内中庭上空设置采光通风天窗，构成被动式通风系统，利用热"烟囱"效应组织气流，改善室内的空气温室舒适性和空气质量，并增加自然采光作用。

太阳能光热板

雨水收集利用系统

导光筒

采光天井

5．BIM设计+运维

（1）本项目采用BIM软件进行项目全专业BIM建模，从而进行项目可视化展示，并基于VR技术的应用，进行设计造型推敲。

（2）本项目采用BIM运维技术，并基于BIM开发病区火灾联动推演，通过BIM完成病区消防应变实战演练。

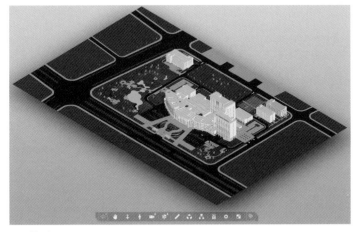

BIM模型

BIM运维平台

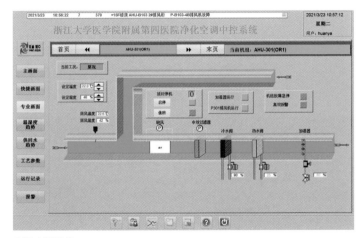

空调中控系统

6．高效节能空调

本项目医疗大楼采用水循环中央空调，区域的空调循环水由制冷机房的冷水机组和换热器制备。急诊等局部区域采用VRF变冷媒流量中央空调系统。MRI、DSA和信息中心采用独立冷热源的恒温恒湿全空气空调系统。后勤综合楼、值班宿舍、消控中心、电梯机房等另设分体空调。

7．垃圾分类

本项目生活垃圾分类收集，垃圾容器和收集点设置合理并与周围景观协调。医院设立专门的一般生活废弃物和医疗废弃物临时贮存场地，废弃物应分类存放，对有可能造成二次污染的废弃物和医疗废弃物必须单独贮存，设置安全防范措施且有醒目标识。生活垃圾有环卫所垃圾直运负责集中运输处理，医疗垃圾有专业资质单位负责集中收集，并做好核对承重管理。

专家点评

该项目采用花园式立体车行系统较好地解决了医院复杂的院前交通。用模块化医疗单元、下沉花园、室外庭院等设计策略解决天然采光和自然通风，为患者和医护人员提供高效便捷又安全舒适的就诊和工作环境。采用智能物流系统提高工作效率，大大减轻后勤人员工作强度。采用太阳能热水系统、智能照明系统、室内环境质量监控系统、高效设备系统、光导管采光系统、可调节外遮阳系统、雨水回收利用系统、微喷灌系统等多项绿色建筑新技术，达到了较好的能源资源节约效果。

空调机房

垃圾分类

合肥中央公馆I地块西区（9～12、15、16号楼）

获奖情况

获奖等级：三等奖

项目所在地：安徽省合肥市

完成单位：合肥新辉皓辰地产有限公司、深圳万都时代绿色建筑技术有限公司

项目完成人：陈卓、祝勇、陈松、过旸、任牧原、程大伟、张刚、刘海波、蒋旭阳、金赵、王志强、苏志刚、刘卿卿、张怡、林艺展

项目简介

合肥中央公馆I地块西区（9～12、15、16号楼）位于合肥市长丰县，汝阳路以南，桂林路以东，汕头路以西，总用地面积28263.48m²，总建筑面积61681.18m²，容积率1.70，绿地率40%，建筑高度57.4m。项目8～10号为11层住宅建筑，11、12号、15、16号为18层住宅建筑，共计366户，地下1层为停车场及设备房。项目是万科在合肥打造的升级综合绿色社区，引入"好服务""好社区""好房子"的设计理念，从节约资源、保护环境、提升居住品质的目标出发，统筹协调建筑开发与环境保护的关系，在规划、设计及施工运营的全过程中贯彻绿色理念，以品质、健康和性能为核心为居住者提供健康、安全、舒适绿色的心灵归宿。项目于2018年12月获得绿色建筑三星级设计标识，2021年2月获得绿色建筑三星级运行标识，期间获得《2020年绿色建筑及装配式建筑以奖代补资金》中的装配式项目奖励，合计293万元。

合肥中央公馆I地块西区（9～12、15、16号楼）项目实景

创新技术

1. 技术及产品创新

100%精装修、100%太阳能热水、100%可调外遮阳、100%正压除霾新风系统、60%装配率、自然采光地库、楼板撞击声、规划健康设施、活力架空层等。这些做法在满足行业导向、政策导向的前提下，经济适用，更容易在行业中普及，为更多的老百姓服务，为更多的人提供绿色生活载体。

（1）100%精装修

项目采用基础装修+选装定制的模式。基础装修已经实现土建装修一体化的设计，不对建筑原有构造产生影响，并在此基础上提供"加载、升级、定制""3套装修方案、9种色系风格、6大定制系统"的个性化设计，满足居民的不同需求。

（2）100%太阳能热水

项目每户均设置独立系统的太阳能热水器，可再生能源利用率达到100%，每年可节约电费约19.33万元，可以有效节约能源资源。选用四季沐歌品牌机组，能效等级为一级。太阳能热水系统与建筑一体化结合设计，保证建筑美观性。

（3）100%可调外遮阳

结合围护结构节能提升与外立面效果，项目东、西、南三向设置铝合金百叶可调外遮阳系统，并实现建筑一体化设计。冬天，遮阳系数大于0.6，阳光的热量可以传递到室内；夏天，遮阳系数低于0.45，降低室外热量往室内传输。

精装修样板房实景

精装修（可选套餐）

建筑外立面、太阳能热板、可调外遮阳实景1

建筑外立面、太阳能热板、可调外遮阳实景2

可调外遮阳（主卧室内实景）

可调外遮阳（次卧室内实景）

（4）100%正压除霾新风系统

本项目住宅每户设置户式新风除霾机，主机设置在卫生间，室外新风经过处理后进入室内，新风量为150m³/h，总换气次数不小于1.5次/h，PM2.5的去除率达到96.4%，满足《空气过滤器》GB/T 14295的要求。

（5）60%装配率

项目为工业化装配式建筑，预制率达60%，包含预制剪力墙、预制混凝土隔墙、叠合板、预制飘窗、预制楼梯，并运用"5+2+X"的工业化建造模式。碳排放减量达11573.02t，环境效益显著。

（6）地库通风采光透绿

地下车库与外部场地紧密相连，采用自然式通风、采光，局部结合设计百叶窗，各区皆设计有采光井，实地考察体验，舒适度良好。

（7）完备便利的生活配套

本项目对标纽约中央公园公园生活方式，以学府化氛围为核心，项目周边交通便利，是万科在合肥北城打造的升级综合绿色社区，住区场地1000m范围内的公共服务设施有12项，包括商业、教育、文化体育、社区服务、市政公园、金融邮电等。

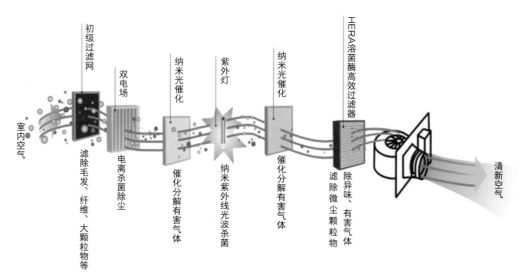

正压除霾新风系统

"5+2+X"	工业化体系名称	本项目使用情况
5	自升爬架	全钢爬架
	系统模板	铝模
	全混凝土外墙	预制外墙
	装配式内隔墙	ALC板、轻质混凝土条板
	穿插提效	二次结构和精装修穿插提效、外立面穿插提效、室外景观穿插提效
2	装配式装修	高精地坪+直铺木地板
	适度预制	预制楼梯、预制叠合楼板、预制阳台板、预制非承重外墙、预制飘窗
X		窗框一次结构预埋、二次结构反槛一次现浇

装配式工业化建造

车库通风采光透绿

车库采光井

周边大环境及配套

2. 项目管理创新

在规划设计阶段，考虑绿色需求并进行绿色策划，前期介入成本分析，并落实绿色建筑全流程咨询与指导；在施工建造阶段，采用"5+2+X"的工业化建造模式，施工废弃物减量，运用智慧工地管理模式，实现绿色施工与管理；在运行管理阶段，物业采用智能化运行平台，并采取人性化管理举措，践行绿色运营。

项目通过安装太阳能、采用节水器具、雨水回用利用等节能、节水措施，可节约33.53万元/年，可为每户居民平均节约916元/年。项目绿建增量成本总投资约221.86万元，回收周期6.6年。每年减排CO_2 16129.98t。

3. 五大可复制、可推广的绿色开发模式

本项目绿色开发模式包括：引入专业的全流程绿色建筑服务模式、绿色展馆结合绿色营销模式、绿色施工结合智慧建造模式、万科物业结合智能运维模式、客户满意度主导的后评估模式。

5万m²中央公园

多功能活力架空层

多功能活力架空层

足球场

专家点评

该项目在规划层面营造了多样的健康生活场景并与周边环境结合紧密。设计阶段，通过可调外遮阳、太阳能热水、正压除霾新风系统等绿色技术的综合应用，有效改善了建筑室内环境，有效减少了建筑能源、水资源消耗。充分利用地下空间的采光通风、院落植入，形成天然的采光井。装配建造工业化程度高，实现了一体化装修，有效减少了材料资源消耗浪费。

航信大厦

获奖情况

获奖等级：三等奖

项目所在地：江西省南昌市

完成单位：浙江宝业建设集团有限公司、江西航信置业有限责任公司、南昌大学设计研究院、上海紫宝建设工程有限公司

项目完成人：夏锋、吴竺、吴闻、陈连禄、贾辉、孙慧平、袁华江、吴志源、高国庆、刘茂、恽燕春、杨晓华、黄仁清、王炎伟、曾华、娄克勇、程昱、张之久、凌秋华、蔡振祺

项目简介

航信大厦工程位于江西省南昌市红谷滩新区会展路1009号，是一幢绿色、智能、低碳及现代化、多功能的综合性办公大楼。

本工程总建筑面积41789.02m²，地下2层，地下建筑面积14680.6m²，地上12层，地上建筑面积27108.42m²，结构类型为框架剪力墙结构。建筑总高度为50.8m，地上4~12层为装配整体式框架–现浇剪力墙结构，预制率达到30.3%，全楼采用工业化装配式内装系统，装配率达到60.1%。本项目实现了绿色建筑目标（绿建三星、LEED铂金、EDGE认证），成为江西省第一幢装配式建筑，江西省第一个乃至全国少有的同时取得中国、美国及世界银行三个最高等级绿色建筑认证的建筑。在获得江西省优质建设工程杜鹃花奖的基础上，又申报了国家优质建设工程鲁班奖，并得到现场专家组的一致好评。

航信大厦南立面

预制构件（梁、柱、楼板、楼梯）堆场

创新技术

1．采用模块化、标准化设计手段实现土建装饰一体化设计技术

项目采用标准化、模块化、一体化设计技术，结构采用预制混凝土框架+现浇剪力墙结构，内装采用钢制装配式内装系统，实现工程生产、工地组装，其结构安全，质量稳定可靠。大量结构构件、内装装饰部品部件采用工厂定制化生产，系统性地降低了施工环节给城市带来的各种污染，减少各种资源损耗浪费，也为以后的维护运营管理提供了极大的便利。

2．建筑全寿命周期BIM技术应用

本项目采用BIM技术，从设计、施工到运维一体化，全寿命周期地应用。协同不同专业间的设计、施工、运营维护等，提供一个直观、可视化的工作平台，为本工程的全寿命周期管理提供有力的技术保障。设计阶段运用：土建设计模型三维场布模型、装配式结构模型及构件模型、钢筋碰撞、机电综合管线碰撞检查。施工阶段运用：施工总平面场布模型。运维阶段运用：采用霍尼韦尔CCS智慧控制平台，监测大楼的运营状态。

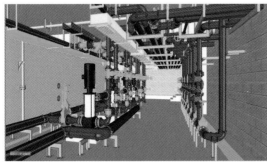

BIM管线综合

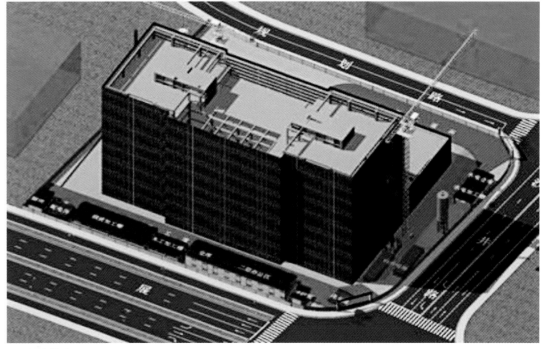

三维场布模型

3．高性能节能外围护系统

本项目内外墙采用绿色环保加气混凝土砌块、外窗断热铝型材类型，外门采用铝合金6mmLow-E＋9A＋6mm玻璃，外窗采用断桥隔热铝合金型材6mmLow-E＋12A＋6Low-E三　银中空钢化玻璃。同时玻璃幕墙保持合理的开启面积，选用可见光透射比大于0.5的幕墙玻璃，充分利用自然风和自然采光，有助于节约空调、照明电耗。

4．采用"三绿技术、屋顶绿化、场地绿化、垂直绿化"

本项目见缝插针式地进行绿化，除室外场地、各个屋顶进行绿化外还在9~11层设置垂直绿化墙，绿化的效果除了能给员工、社会提供一个赏心悦目的环境外，对于降低城市的热岛效应也起到了自己应有的作用。

将围护结构热工性能比现有设计提高5%、10%、20%三档，进行敏感性分析。
对于江西南昌夏热冬暖地区，对围护结构的传热系数不做进一步降低要求，可重点考虑外窗遮阳系数SHGC的降低。

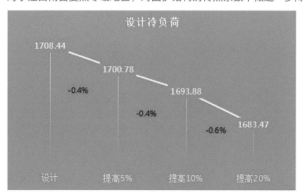

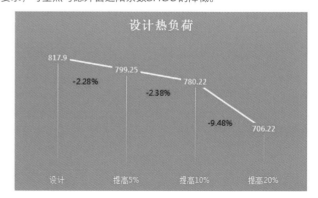

	设计工况	提高5%	提高10%	提高20%
外墙	0.8	0.76	0.72	0.64
屋面	0.49	0.47	0.44	0.4
外窗	3.2	3.04	2.88	2.0（双层Low-E）

围护结构热工性能分析

屋面种植绿化

中庭垂直绿化墙

5．采光导照明系统

大厦地下室设有球形智慧光导系统12套，可将地面日照导入地下室提供照明，平均照度500～700lx，地下室光导照射面积约为712m²，起到节能减排作用。

6．先进的空气净化系统

本大厦的空调系统采用的是大金直流变频水源VRV X7系统，新风系统采用冷热处理全新风和热交换新风相结合的新风系统，为了保证室内的空气品质和健康性，系统引入室外新风，降低CO_2浓度，且新风引入处设置PM2.5和汽车尾气等氮硫化物的阻隔措施，并在室内设置PM2.5循环过滤装置，进一步提高空气质量。如遇火灾等突发状况，大厦智慧系统将自动监测并切换到逃生消防模式，全楼报警，启动相关防排烟装置。

7．充分利用自然光照

本项目在设计阶段就聘请了同济大学机械与能源学院高乃平教授团队对航信大厦项目进行全寿命周期能效模拟分析。分析结论为：建筑各楼层自然采光系数DF满足大于2%的面积，其中9～11层办公楼层将自然景观巧妙引入办公环境，充分利用自然光照，提高人员办公环境的舒适度。

专家点评

该项目在绿色、智能、低碳及建筑工业化等方面开展了创新工作，是江西省第一个装配式建筑。具体采用了模块化、标准化设计手段实现土建装修一体化设计施工，内装采用钢制装配式内装系统，系统性降低了施工环节给城市带来的各种污染，并有效减少了资源损耗浪费。在设计、施工及运维阶段采用BIM技术，建立设计、施工及运营维护的可视化工作平台，为项目提供全寿命周期管理技术支撑。同时，通过适宜的高性能外围护系统、自然通风采光技术以及直流变频空调技术，降低了空调照明能耗。通过屋顶绿化、场地绿化及垂直绿化，营造了室内绿色空间，降低了城市热岛效应。

地下光导系统

地上光导系统

中庭绿植墙

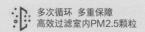

室内新风系统

中国·红岛国际会议展览中心

获奖情况

获奖等级：三等奖

项目所在地：山东省青岛市

完成单位：建科环能科技有限公司、青岛国信建设投资有限公司、青岛市建筑节能与产业化发展中心、中国建筑节能协会、公信检测（山东）有限公司、中国建筑科学研究院有限公司

项目完成人：吴景山、何海东、刘欢、杨春华、李翔、李晓蓉、李佃亮、辛兆锋、马鹏真、胥小龙、付宇、尹海涛、胡晓杰、杨晓峰、刘登龙、陈桥、杨远程、李福、李效禹、马晴

项目简介

中国·红岛国际会议展览中心位于青岛市，是山东省最大的会展综合体。项目规划总用地28.64万m^2，总建筑面积48.8万m^2，地下3层，地上17层，建筑高度40.5m。主要功能为会展中心、办公和酒店。该项目在规划、设计、施工、运营的建筑全寿命周期内，依靠科学的设计理念及创新的技术手段，共采用10大项、60小项建筑业创新技术，12项特色创新研发，50余项BIM应用技术，成功申报5项国家发明专利和多项工法，取得了三星级绿色建筑设计标识，并获得中国建设工程鲁班奖、中国钢结构金奖、中国装饰金奖、中国安装工程优质奖（中国安装之星）、住房和城乡建设部绿色施工科技示范工程、中国华夏好建筑等多项荣誉。

中国·红岛国际会议展览中心夜景图

创新技术

中国·红岛国际会议展览中心坚持国际标准、高端定位，整体按绿色建筑三星级设计，坚持绿色环保的建设理念，突破多项技术难关，自主创新使用"跳仓结合间歇法"等12项先进施工工艺，36m超大跨度的有粘结预应力梁、171m大跨度钢结构屋面、1万m²张弦鱼腹式玻璃幕墙、4万m²世界最大反装膜结构、9万m²屋面太阳能光伏板、14万m²节能材料挤压成型水泥板外墙、青岛市最大体量高强饰面清水混凝土工程、国内首创"双首层"概念应用、领先全国的智慧展馆、地下大型复式停车库、水蓄冷系统等多项先进技术和理念的实践取得国际、国内新突破。结合会展中心的定位及需求，项目还应用了高性能围护结构，高性能机组和设备、BIM技术、市政中水、节水器具、节水喷灌、高压水枪、净化新风系统等多项绿色技术。

1．大体量高强度饰面清水混凝土

会展中心两座展厅外围、酒店、办公楼周边的框架连廊全部采用高强度饰面清水混凝土，总浇筑方量约12600m³，为青岛市最大体量高强饰面清水混凝土工程。有效减少装饰装修材料用量，减轻建筑自重，使建筑质量更高、耐久性更高。

2．地下大型复式停车库

在建筑的整体规划设计上，充分考虑了会展中心所需要的配套服务功能，针对所处位置等特点，设计大型地下车库，机动车停车位2280辆，合理开发利用了地下空间，保障大型会展活动人流出行及服务便利。

高强度饰面清水混凝土

展厅

登录大厅

地下大型复式停车库

3．屋面大面积太阳能光伏发电系统

项目充分利用建筑屋面可利用面积大的特点，设置9万m²屋面太阳能光伏板，合理利用了可再生能源。太阳能光伏发电系统设备总安装功率约为5MW，相当于一个小型发电站，太阳能光伏发电替代率为8%，达到了同类建筑的先进水平。

4．水蓄冷系统

项目结合展馆部分空间、部分时间的运营特点设置水蓄冷系统，蓄冷水池位于登录大厅地下2层，共6个蓄冷单元，总容积10600m³，总蓄冷量为设计日冷负荷的30%。水蓄冷系统利用低谷段电力，平衡峰谷用电负荷，缓解电力供应紧张，节省运行费用。

5．高大跨度复杂钢结构

会展中心展厅及登录大厅的屋盖均采用钢结构，登陆大厅还结合了国内面积最大的反装膜结构，钢结构最大跨度171m，自主创新高大跨度钢结构累积整体滑移方案，荣获中国钢结构金奖。

制冷机房

屋顶大面积太阳能光伏板（建设单位提供）

展厅屋盖主体钢结构

6．全过程BIM应用

本项目通过建筑信息模型（BIM）技术实现了设计、生产、施工、运维、管理等各阶段的数据共享和协同应用，全建设周期应用BIM系统50余项，实现土建图面、管综优化、精装等各个专业的高效协同，提高施工效率，保障工程质量，缩短建设周期。

7．使用效果及满意度

工程使用以来，结构安全可靠，设备运行正常，使用功能完好，成功举办了环保展、家具展、机械展等20余次大型展会，参展及入住累计接待总量近百万人次，已成为青岛市建设东北亚高端会展目的地、国际时尚城的重要载体，用户和社会各界非常满意。为了提升室内舒适度，为后续优化系统运行做出参考依据，项目抽样调查了展厅内参会人员的主观满意度，调查结果显示，不满意率为0%，非常满意率达86%以上。

专家点评

该项目采用超大跨度的有粘结预应力梁、171m大跨度钢结构屋面与膜结构，以及张弦鱼腹式玻璃幕墙。采用清水混凝土饰面使建筑具有空间通透、现代感。通过统筹应用太阳能光伏、水蓄冷、净化新风、市政中水、节水器具、节水喷灌、高压水枪、钢结构、BIM技术等多项绿色技术，充分体现出"科技与自然相结合""现代与低碳相协调""人文与生态相统一"的建设理念，实现经济效益、社会效益和环境效益的统一。同时，项目积极构建展览中心与周边环境的有机共生关系，与自然充分融合，建设"低消耗、可持续、更环保"的绿色建筑。

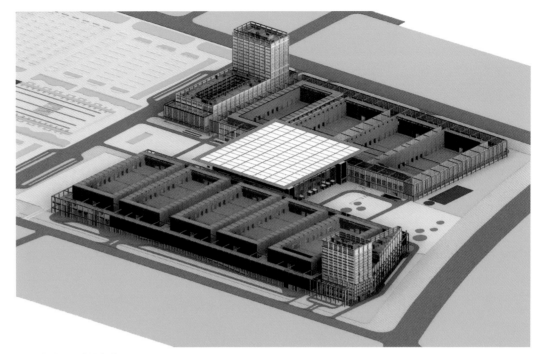

BIM模型——建筑专业

中国·红岛国际会议展览中心效果图

武汉建工科技中心

获奖情况

获奖等级：三等奖

项目所在地：湖北省武汉市

完成单位：武汉建工项目投资管理有限公司、中南建筑设计院股份有限公司、湖北中城科绿色建筑研究院、武汉长富物业管理有限公司

项目完成人：郭向东、王新、王艳华、唐文胜、蒋超、王俊杰、张伟、陈忠、李俊慷、陆通、罗俊文、熊明、吴茜、卞璐、陈桂营、孙金金、杨菊菊、程琬淋、但良波、姚澜

项目简介

武汉建工科技中心位于湖北省武汉市经济技术开发区，沌阳大道与创业路交叉口处。项目总用地面积为13714.22m²，总建筑面积为84646.8m²，地下3层，地上31层，结构面高度为137.70m，建筑高度为149.0m。地下部分主要功能为停车库和设备用房；地上部分主要功能为商业、办公、会议中心、档案室、企业文化展厅等。

本项目设计充分考虑项目功能、企业特点以及当地的夏季湿热气候特征，运用立体绿化、建筑底层架空、幕墙自然通风器、可再生能源、智能灯光控制系统、智能能耗管理系统、自然采光、高效节能设备等技术，体现了绿色建筑因地制宜，被动优先的原则，实现了人与自然的和谐共生。项目获得了2018—2019年度鲁班奖，第五批全国建筑业绿色施工示范工程，并于2020年2月获得了三星级绿色建筑标识。

武汉建工科技中心项目鸟瞰图

创新技术

1. 立体绿化

项目在4层、6层裙房屋面及30层楼台设有屋顶绿化，采用花园式绿化形式；另外，每层均设有通往室外的露台，供此楼工作的人员在工作之余，可到露台和屋顶花园休闲，缓解工作疲劳。项目结合广场、裙房、屋顶以及塔楼的中庭，将绿化系统的布置，从地面到屋顶，层层布置，实现在室外场地面积较小的情况下，让绿化立体生动的目标。

2. 玻璃幕墙自然通风器

为解决超高层建筑中玻璃幕墙开启扇在较大风压下出现损坏脱落的安全隐患问题，本项目采用自然通风器与玻璃幕墙完美结合的方式，采用了2602套幕墙型自然通风器，既满足室内在过渡季自然通风的要求，又解决了开启扇脱落所带来的安全隐患问题。

4层绿化

6层绿化

室外绿化

30层绿化

幕墙通风器安装状态

3．可再生能源

本项目厨房采用太阳能预热制取热水，不足部分在各厨房内用燃气式热水器作为补充。太阳能板敷设于六层屋面及雨棚的顶部。热水采用机械循环方式，由设置于管网末端的温度控制器控制热水循环泵的开启或停止运转。生活热水的供回水温度60℃/50℃。太阳能热水水源是来自同区冷水给水系统。每块集热器面积1.44m²，共设108块，总面积为155.52m²，太阳能热水应用比例34.8%。

4．智能灯光控制系统

本项目设有独立的智能灯光控制管理系统，可以对地下室、走道、电梯厅、室外景观灯公区的照明进行集中控制管理。4楼多功能厅设有独立的照明场景控制功能，包括全开控制、全关控制、投影模式、演讲模式、会议模式、节能模式等。

太阳能集热板

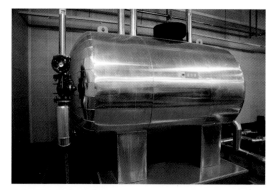

太阳能热水存储水箱

太阳能热水循环水泵

太阳能热水系统控制柜

灯光管理系统总界面

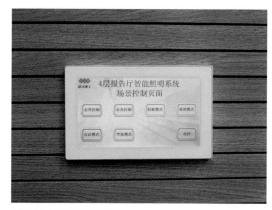

4层报告厅灯光管理界面

能耗监测主界面

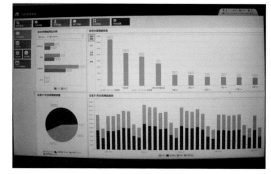

用电监测界面

用水监测界面

5．智能能耗管理系统

项目采用安科瑞Acrel-5000能源管理系统，对本栋大楼的电耗和水耗分别计量和管理。其中电表181块，水表46块。该系统可对分项能耗、区域能耗、部门能耗分别进行统计和分析。项目同时设置有冷热量表，可对租户的空调用冷量和用热量进行计量。

6．高效设备

项目冷源采用2台离心式变频冷水机组和1台双机头螺杆式冷水机组，冷冻水泵采用变频控制措施。空调箱采用全热回收型机组，并采用变频控制方式。热源采用2台冷凝式真空热水锅炉，额定热效率98％。照明光源主要采用LED光源，形式包括管吊LED灯、LED灯带、LED筒灯等。大堂、电梯厅、走道采用LED筒灯，办公照明以LED灯带为主，车库照明采用管吊LED灯。项目采用1级节水器具，采用雨水回收系统，收集的雨水用于场地绿化灌溉、场地冲洗及地库冲洗。

专家点评

该项目采用幕墙自然通风器，既解决了玻璃幕墙开启扇易在大风天损坏脱落问题，提高了安全性、耐久性，又解决了高层建筑窗日常开启带来的物品坠落伤人问题，同时还能满足过渡季自然通风的需要。项目在广场、裙房、屋顶以及塔楼中庭等部位，加入了大量的绿化元素，实现了在较小的场地上，通过增加绿化实现环境宜居、健康舒适的目标。厨房采用太阳能预热制取热水，多种能源互补，最大化利用可再生能源。另外，在智能化控制和设备选型方面，该项目也进行了有益的尝试。

冷冻机房

变频控制器

锅炉房

供暖补水箱及管道

雨水回用系统

节水器具

白天鹅宾馆更新改造工程

获奖情况

获奖等级：三等奖

项目所在地：广东省广州市

完成单位：白天鹅宾馆有限公司、广州市设计院

项目完成人：马震聪、邓文岳、屈国伦、关穗麟、何恒钊、黄润成、谭海阳、李靓、门汉光、陈卫群、沈微、林辉、马路福、蒙卫、江慧妍、胡嘉庆、陈志强、李翔、周名嘉

项目简介

白天鹅宾馆更新改造工程位于广州市荔湾区沙面岛珠江北岸，建设用地位于广州历史文化保护区。宾馆于1983年开业，是中国首座中国人自行设计、自行施工与自行管理的五星级酒店，具有代表中国改革开放的典型价值和特殊历史意义。

2010年启动最大规模的改造前期工作，至2017年1月全面竣工验收。改造的重点是结构补强、消防和装修改造、配套设施改造、机电设备更新改造；难点是在保护既有历史建筑整体风貌的原则上开展精细化设计与施工，使建筑可持续发展，展现建筑的时代价值与绿色改造的示范意义。

综合采用多项先进技术，与改造前的2010年相比，年建筑常规能耗降低约50%，酒店特殊能耗降低约31%，年用水量下降49%，年能源费用降低约1750万元。宾馆单位面积年综合能耗121kW·h/m²，远低于《民用建筑能耗标准》GB/T 51161约束值（220kW·h/m²）和引导值（160kW·h/m²），达到同气候区同类型建筑中最高节能水平。其中，多项节能技术应用效果突出，例如，制冷机房系统全年平均运行能效比达到5.91，为国内首个达到5.6以上的超高效冷站案例。

项目获得G20集团国际"双十佳"最佳节能实践清单——建筑领域最佳节能实践、国家发展改革委"双十佳"最佳建筑节能项目、国际绿色解决方案奖绿色改造大奖、住房和城乡建设部绿色建筑示范工程、2018年全国公共建筑节能最佳实践案例、首批中国20世纪建筑遗产等荣誉。

临江面俯视

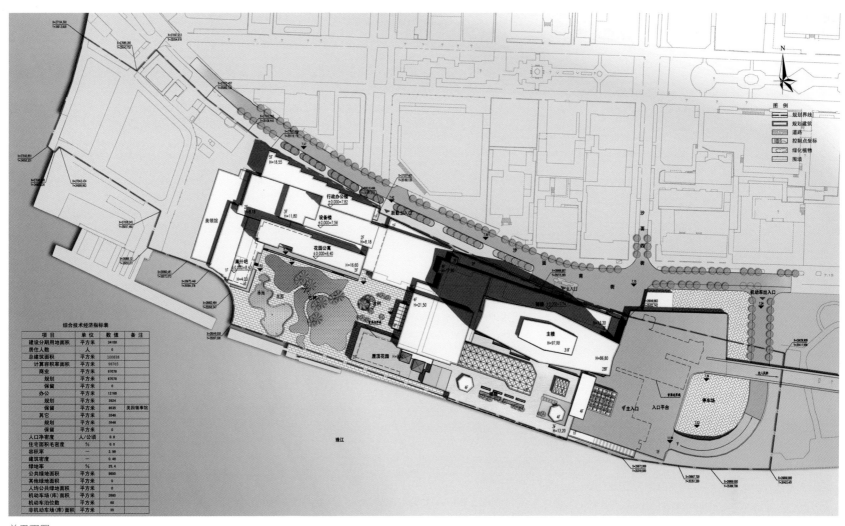

总平面图

指标	改造前	改造后	节能率
宾馆总能耗	62.8kgce/m²	36.8kgce/m²	40.4%
宾馆全年用水量	50.8万t	25.9万t	49.0%
宾馆全年能源费用	3411.6万元	1664.4万元	年节约能源费用1747.2万元
宾馆单位建筑面积年综合电耗	220kW·h/（m²·a）	121kW·h/（m²·a）	《民用建筑能耗标准》GB/T 51161 约束值220kW·h/（m²·a） 引导值160kW·h/（m²·a）

项目节能水平在同类建筑中极为突出，获得建筑行业、酒店行业等的广泛关注

室外园林景观

主入口远景

"故乡水"水幕空调

创新技术

1．高效制冷机房系统

项目率先实施超高效制冷机房系统设计，设计全年系统能效比不小于5.4，实际运行年系统平均能效比达5.91。

（1）冷水机组：选用低阻力、高效冷水机组。

（2）水泵：选用高效率水泵，通过低阻力管网设计（水泵主机进出口直接水平连接，无上下弯头），降低水泵设计扬程；通过大温差水系统设计，降低水泵设计流量，从而降低水泵功耗。

（3）冷却塔：采用变频风机；通过增大冷却塔填料面积，降低冷却塔出水温度，可降低冷水机组冷凝温度，提高机组COP；优化冷却塔布水喷头，可扩大冷却塔变流量范围至50%～100%，可充分利用冷却塔填料面积，降低风机能耗。

（4）空调水系统：采用一次泵变流量系统，冷冻水系统采用7℃/15℃大温差系统。

（5）自控系统：实现温差控制，实际运行温差不小于0.8℃设计温差；实现冷水机组、水泵、冷却塔等的系统能耗最低的控制目标。

2．高效高温水水热泵热水系统

（1）针对酒店建筑全年大多数时段都同时存在空调冷负荷和生活热水热负荷的实际情况，通过水-水热泵热回收技术回收空调制冷主机的废热，为生活热水系统提供免费热量，减少热源侧的能源消耗。

（2）技术现状：国内水-水热泵热回收生活热水机组的出水温度一般只能做到最高55℃，制冷制热综合能效比一般不超过8.0。

（3）优化技术：本项目研发应用了一种高效高温水-水热泵热回收热水机组，可同时提供符合空调制冷系统需求的低温冷冻水和满足多数高档宾馆需求的60℃生活热水，无需其他热源辅助加热，机组制冷制热综合能效比可达到8.3以上。

（4）实际效果：高效高温水-水热泵热水系统运行良好，全年大部分时间无需蒸汽换热提供生活热水。2017年1~8月，热水站的年制冷制热综合能效比为7.05。

3. 高效立式空气处理机组技术

（1）受宾馆原空调机房的层高限制，无法为目前市场上常规的节能风柜提供足够的接管空间，会导致风柜的送风口位置阻力很大，因此研发采用了一种可适用于较低层高机房的节能型风柜机组。

（2）风柜风机是无蜗壳的后倾机翼型风机，单风机效率70%~85%，相对前弯式风机（单风机效率50%~60%）可节能15%~35%。

（3）风柜为立式设计，所需占地面积与常规风柜相近，虽然单风机效率不如有蜗壳风机，但风柜出风口的风速较低，静压比高，噪声低，阻力大幅降低，使整个风柜系统的效率更高，可再节能10%左右。

4. 高效蒸汽锅炉房技术

（1）针对宾馆的热负荷波动大的特点，设计了多台带热回收的高效锅炉，进行阵列式控制。

（2）设计情况：整个锅炉系统的能源效率达到90%以上；改造前小于60%，改造后的节能率为33.3%。

（3）实际效果：锅炉房系统2016年全年平均热效率为92.3%。

5. 历史建筑保育性更新改造

（1）设计原则：对典型性识别性特征进行保留与提升；对主要空间形态构成要素实行维持与转化；主要公共空间组织方式进行适应当下表达语境的整合和简化；有效延续其岭南文化特色传统文脉和场所精神等的主要设计策略和技术措施，以及因人、因时、因地而宜进行延续转化、重构创新。

（2）对主要的建筑元素和典型空间进行保留和延续。

（3）根据功能性需求进行改造安排，包括提高建筑消防性能、调整客房面积以适应经营需求等，同时在改造过程最大限度保留原有构件。

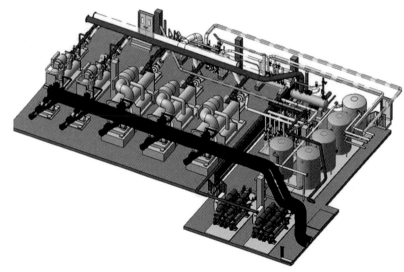

高效制冷机房BIM模型（借助三维设计，降低管道阻力）

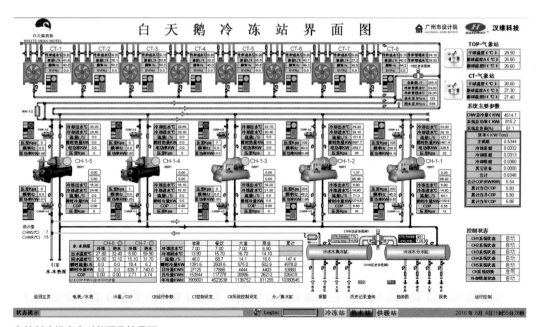

高效制冷机房实时能源监控界面

专家点评

该项目在保护既有历史建筑整体风貌的前提下，根据功能性提升需求，在结构补强、消防和装修改造、配套设施改造、机电设备更新改造等方面开展精细化设计与施工。综合采用高温水—水热泵热水系统、立式空气处理机组、热回收高效蒸汽锅炉等多项高效节能技术，与改造前相比，年建筑常规能耗降低约50%，酒店特殊能耗降低约31%，年用水量下降49%。节能达到同气候区同类型建筑中较高的水平。该项目是历史建筑保育性更新、展现历史建筑的时代价值的典范，在绿色改造、资源节约等建筑可持续发展方面具有的重要示范意义。

深圳安托山花园1~6、9栋

获奖情况

获奖等级：三等奖

项目所在地：广东省深圳市

完成单位：深圳市东方欣悦实业有限公司、深圳万都时代绿色建筑技术有限公司

项目完成人：朱怀涛、黄鑫、苏志刚、赵乐、于传睿、朱亚雄、袁梓华、贾文宇

项目简介

万科安托山花园综合居住者生活品质需求，对能有效提升室内外的健康、舒适等性能指标的绿色建筑关键技术进行系统研究并实施落地，让住户可感知、可体验。

项目位于深圳市福田区香蜜湖街道安托山四路与侨香五道交汇处。用地面积32302.53m²，总建筑面积为179700.87m²，建筑高度约130m。建筑高层为剪力墙结构，地下室为框架结构。项目结构形式为两院一轴品字形布局，总平面布局正对南侧市民广场至小区内部引出一条仪式感主轴，再从主轴往东西两侧延伸出两个组团院落。小区人车分流，道路内部主要集中在入口下车区，形成洄游环岛，在入口往两侧直接进入地下车库。组团式布置的住宅有利于居住归属感的形成，同时便与管理和安全。高层住宅分为点式和板式两种，最北侧为三栋板式高层，前面四栋为点式高层，四栋点式高层依次在主轴两侧排布，并充分利用景观，整体形成一定的序列感，以呈现高端住区品质。

项目获得三星级绿色建筑（住宅）设计标识（2017年）、2019年度深圳市绿色建筑示范项目、2019年度深圳市优质专业工程奖、2019—2020年度中国建筑工程装饰奖。

深圳安托山花园项目实景图

创新技术

1．遮阳与建筑一体化设计+室内可调遮阳，平衡建筑性能及居住体验

（1）建筑与外遮阳一体化设计

遮阳元素与建筑立面形成整体，解决遮阳设计观感差的难题。南向利用阳台等构件形成自遮阳，防止太阳直射；东西向采用固定垂直外遮阳装置，遮阳装置的位置、间距和长度经过模拟优化，采用950mm间距和400mm，不影响自然采光和室内视野。

遮阳的同时考虑防雨需求，在结构和尺寸上优化，最终满足建筑外遮阳系数SD不大于0.8的要求，建筑平均遮阳系数为0.237，遮阳和围护结构协同作用，最终实现建筑综合能耗节能41%。同时，解决了东西向低太阳高度角时刻的眩光问题，全面提升室内环境性能。

（2）可调遮阳设计

在固定外遮阳的基础上，室内采用可调节遮阳百叶和电动遮阳窗帘，避免室内阳光直射，降低夏季太阳辐射得热。同时，实现客户对于光线的自主调节，提高私密性和室内环境品质。

2．室外场地环境优化+风雨连廊，提供舒适的全天候室外活动场地

（1）室外舒适度优化与景观设计的结合

对"风、光、声"环境进行综合分析，进而对场地适宜性进行分类。将通风较好、夏有遮阳、冬有日照的区域，作为适宜的活动场地，提供全年舒适的活动空间。通过整体规划、建筑遮阴、风雨连廊等设计的综合考虑，场地4h以上遮阴的适宜活动场地可达到整体活动场地面积的68.66%。

（2）风雨连廊，综合实现防坠、防雨、遮阳、通风，打造全天候适宜活动空间和便利回家路

风雨连廊一体化考虑无障碍、防坠、遮阳、通风、防雨设计，呈现便捷、安全、舒适的景观体验。连廊夏季遮阳、雨天避雨、宽度适宜，为住户提供全天候的活动空间。风雨连廊与儿童活动场地、草地等室外活动场地相连，满足住户在照看孩子嬉戏的同时遮阳乘凉，全面提升住户体验。

（3）高反射铺装提升环境舒适，降低热岛效应

选用高反射率铺装，降低室外温度，增加室外人员舒适活动时间。除活动场地外，沿项目外围的较舒适区域设有环绕健身步道，提供便捷运动空间。

东西向垂直遮阳局部

室内可调遮阳效果

风雨连廊鸟瞰实景

3."隐形"海绵城市设计+透水活动场地+雨水回用，呈现美观、适宜、节约的景观环境

（1）"隐形"海绵与景观设计高度融合

通过景观坡度及硬质铺装的坡度汇水到海绵设施，场地内下沉式绿地、雨水收集池等海绵设施结合景观设计处理，搭配适宜的植物，形成景观化的海绵设施，不影响景观美感。绿色雨水基础设施占总绿地面积的比例约为40.98%，雨水径流总量控制率达70%。

（2）透水场地，保障安全体验，提高雨水径流控制

儿童活动场地、健身场地、塑胶跑道，采用透水面层及透水结构层。橡胶地面面层采用EPDM透水橡胶地垫，有利于场地雨水渗透，同时能通过蒸发的方式缓解城市热岛效应。经实测，透水地面能够有效消纳雨水且不产生积水，避免雨天积水导致地面湿滑，真正做到雨天无积水、不内涝、不湿脚。

（3）海绵设施接入雨水回用，实现节水

项目在9栋楼地下室设置200m³的蓄水池处理雨水回用，15m³的清水池配套一体化雨水处理设备，集收集、弃流、过滤、消毒于一体。经处理消毒后处理后水质需满足《城市污水再生利用 城市杂用水水质》GB/T 18920相关标准。经处理达标后回用于绿化浇灌和道路冲洗全部用水、车库冲洗部分用水，非传统水源利用率为5.08%。

4.洁净垃圾房，从源头解决垃圾房脏、乱、差、臭痛点

（1）全方位垃圾房优化设计

垃圾站房设置于地下室负1层，负责全区的垃圾分类回收，远离住户活动区域。住户垃圾收集区也设于地下，与垃圾站房间的流线经过优化，最大程度地避免运输过程的二次污染。垃圾日产日清，避免垃圾堆积。垃圾站与市政道路直接相接，方便人员收集和快速转运垃圾。

（2）冷气风机+紫外线消毒，从源头解决垃圾发臭问题

垃圾站房设有空调机组，对室内空气进行制冷和回风控制，抑制微生物的生长。同时，站房内配备有紫外线消毒系统，保证站房不发霉、发臭、不滋生蚊虫。结合垃圾站房日清、日洗的管理制度，从根源上防止在垃圾站房残留垃圾。

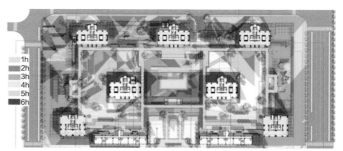
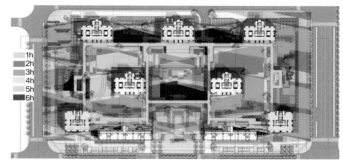

安托山冬季上午和下午阳光场地综合

安托山夏季上午和下午遮荫场地综合

景观适宜性分析

透水儿童活动场地实景

5.高品质地下车库，打造专属智能舒适迎宾空间

（1）高品质车库设计

地库设计整合了业主流线、访客流线、出租车流线、快递流线等所有可能的流线关系，形成一个系统。地下大堂和标识设计也围绕这一系统展开。车库入口专设智慧停车系统，自动识别业主车辆；车库内部，臻选透光云石片吊顶，石材铺装入户地面，车道采用防尘静音防滑的环氧地坪，搭配柔和智能的灯光，打造专属迎宾空间。

垃圾站房内部

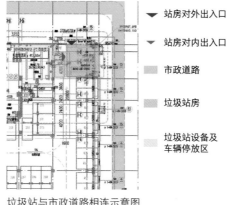

▼ 站房对外出入口

▼ 站房对内出入口

市政道路

垃圾站房

垃圾站设备及车辆停放区

垃圾站与市政道路相连示意图

（2）诱导风机保障通风

采用自然通风的同时采用诱导风机+CO检测，与排风联动，满足地库通风的需求。诱导风机主要用于无风管条件下多台诱导风机按一定间隔和方向依次排列，以少量高速喷流气体带动诱导周围静止的空气，达到高效经济的通风换气效果，通过诱导风机高速喷流达到稀释废气作用。控制器配有污染物浓度感应装置，实现自动控制。

（3）自然采光及感应照明

采用自然采光+节能照明设计。地库外围的外窗通向室外景观，引入自然光，并辅助车库自然通风换气。内部照明使用LED节能照明，并配备智能感应，当车或人经过时自动点亮，一段时间后自动熄灭，减少照明时间和能源浪费。同时，灯光系统采用分区控制，进一步实现灯光节能。

6．智能家居系统，打造智能私人管家

智能灯光控制系统可以控制厨房、客厅、卧室、洗手间，根据光照变化智能调光。智能家居系统相关信息可统一显示于户内监控面板，方便住户查看。

7．高效率空调系统+新风系统+室内气流组织优化，形成舒适节能健康的室内环境

项目采用VRV多联户式中央空调，选用一级能效，实际制冷综合性能系数6.70。系统能耗降低幅度比现行国家标准《公共建筑节能设计标准》GB 50189规定值提高43.54%。

项目采用除霾新风系统，主要用于卧室、大厅等主要功能房间。通过运转将室外新鲜空气经过过滤后进入室内，新风风量可达150～200m³/h，满足室内基本的通风换气需求。新风系统采用热交换设计，室外的新风经热交换设备预处理后，有效降低直接引入室外新风的冷/热负荷，降低空调用电量。

新风系统的出风口设计和室内设计紧密结合，将出风口隐藏或作为室内设计的元素，解决了出风口在室内环境中突兀难看的痛点。

空调的设计经过室内气流组织分析优化，避免呼吸区出现无风死角区，提高换气效率。同时，在人活动区域避免出现低温高风速的出风气流，保障住户健康舒适。

专家点评

该项目中从宏观布局到技术应用都充分体现了绿色理念，较好地考虑室外场地物理环境的影响与布局相结合，使建筑布局更加具有生态合理性。通过高反射铺装等措施降低热岛效应，廊桥的使用与环境结合，较好地提升环境品质。采用"'隐形'海绵城市设计+透水活动场地+雨水回用"技术，呈现美观、适宜、节约的景观环境。遮阳与建筑设计一体化及室内可调节遮阳的综合应用，平衡了建筑性能及居住体验。项目采取措施有效提升了建筑室内外健康、舒适等性能，使住户可感知、可体验，相关经验值得推广。

诱导风机安装实景　　　　　　　地下车库自然通风、自然采光及感应照明

客厅新风系统出风口

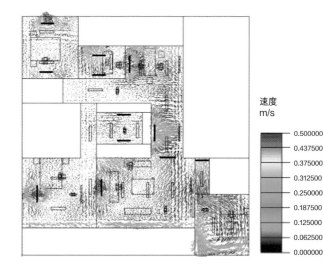

速度
m/s

0.500000
0.437500
0.375000
0.312500
0.250000
0.187500
0.125000
0.062500
0.000000

室内速度分布矢量图

两江新区悦来组团C分区望江府一期（C50/05、C51/05地块）（居住建筑部分）

获奖情况

获奖等级：三等奖

项目所在地：重庆市

完成单位：重庆碧桂园融创弘进置业有限公司、重庆市斯励博工程咨询有限公司、上海联创建筑设计有限公司、重庆市永安工程建设监理有限公司、重庆融碧物业服务有限公司

项目完成人：江丽蓉、张梅、李宗晔、曹旭阳、龙海、唐龙全、叶剑军、刘颉、何勤阳、胡婷婷、谭兴华、曹燕、王颖婷、张敏、谭毓凌、欧昊、李竑霖、王琪、廖怀钰、刘杰

项目简介

两江新区悦来组团C分区望江府一期（C50/05、C51/05地块）（居住建筑部分）是由融创和碧桂园联合开发。项目位于国家首批海绵城市建设试点之一的悦来生态城，紧邻嘉陵江，享受独特的江景资源。C50/05地块项目用地面积为10078m²，建筑面积23513.65m²，其中地上建筑面积为15605.77m²，地下建筑面积为7907.88m²，容积率1.5，绿地率为35.12%。C51/05地块项目用地面积为13691m²，建筑面积28773.46m²，其中地上建筑面积为21081.40m²，地下建筑面积为7692.06m²，容积率1.5，绿地率为35.14%。项目共包含11栋多层住宅、底层配套商业、地下车库及配套用房等。项目基地台地特征明显，项目设计时合理利用高差，采用吊层设计，减少土方开挖，同时结合了海绵设计、可再生能源等技术。项目于2018年通过绿色建筑评价，并获得"重庆市一星级智慧小区"设计标识证书。

两江新区悦来组团C分区望江府一期（C50/05、C51/05地块）（居住建筑部分）效果图

创新技术

1．坡地吊层设计

望江府所在地为台地，项目建设初期合理利用高差进行了吊层设计，消化场地标高，减少土石方开挖，增加土石方就地平衡率。

2．智慧通行系统

本项目主要出入口设置人脸识别系统和手机开门系统、单元门设置手机开门系统，无须接触直接通行，入户采用指纹门锁，可实现小区外到户内无钥匙通行；同时电梯设置扫码功能，通过扫码业主或访客二维码到达指定楼层，方便业主生活。

3．主动式节能技术应用

本项目采用江水源热泵机组进行空调供能，冷热源形式采用区域式能源进行集中供能，在满足用能需求的前提下，有效减少一次能源的消耗。导光管技术是一种健康、节能、环保型照明产品，该产品无需用电，它的工作原理是通过室外的采光装置捕获室外的日光，并将其导入系统内部，然后经过导光装置强化并高效传输后，由漫射器将自然光均匀导入室内需要光线的任何地方。

导光筒

坡道吊层设计

导光筒地下室自然采光效果

板式换热间照片

人行出入口

4．智能节水灌溉及海绵城市建设

小区采用雨水回用系统，并将处理好的雨水回用于绿化浇洒、道路冲洗、景观水体补水，其水质满足规范要求；同时搭配下凹绿地、雨水花园等技术措施，使年径流总量控制率达到70%，污染物控制率达到50%，有效改善微环境。项目采用智能灌溉系统，通过雨量感应和土壤湿度感应器对喷灌开关进行控制，当雨量充足时喷灌系统自动关闭，当土壤湿度不足时灌溉系统自动开启，节约水资源和人力资源。

5．空气质量提升系统

每个户内均设有一台带除霾功能的新风机，可实现户内新风换气次数不少于2次/h，保证室内空气质量；车库每个防火分区设置2个CO浓度监测器，并与风机联动，当车库CO浓度超标时自动开启风机，当CO浓度恢复正常值后关闭风机，保证了车库空气质量。

6．建筑设备及能耗监控系统

项目采用BA控制系统，可实现远程对车库照明、风机状态进行监测和启停控制；同时对公共区域电耗和水耗进行监测，并汇总和分析。通过分析能源使用情况，针对性地节约能源。

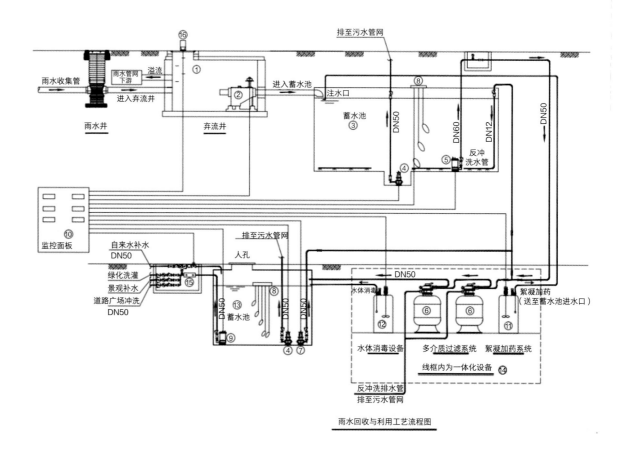

雨水回收与利用工艺流程图

雨水收集回用系统图

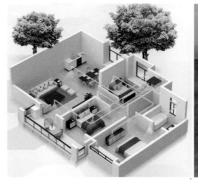

新风除霾

车库CO浓度探测器

海绵相关设施

专家点评

该项目较好地利用地形进行土方的平衡，处理台地的问题。采用了海绵设计等绿色建筑技术，提高了年径流总量和污染物控制率，有效改善微环境。新风、CO浓度监测器，智能监测控制系统和导光管的应用也提高了室内及公区的环境质量。江水源热泵机组等主动式节能技术的应用，有效减少了一次能源的消耗。此外，智慧门禁系统允许无接触通行，保障业主安全便利的居住体验。

配套公园

架空层活动场

小区内景1

小区内景2

昆钢科技大厦

获奖情况

获奖等级：三等奖

项目所在地：云南省昆明市

完成单位：昆明钢铁控股有限公司、清华大学建筑学院、华东建筑设计研究院有限公司、中建三局集团有限公司、云南泰瑞物业服务有限公司、清华大学建筑设计研究院有限公司

项目完成人：马朝阳、朱颖心、邵亚君、何云、刘加根、钱永祥、葛鑫、陈学伟、刘欣华、陈广炜、段振、张丽红、陆道渊、钱军、张晓波、鲁丽娜、解开国、盛安风、周晓静、张雪捷

项目简介

昆钢科技大厦曾为昆明第一高楼。项目建筑总高度219.30m，建筑层数50层，裙房5层，地下3层，总建筑面积为148629m²。其中地下室面积37406m²，地上面积111302m²。大厦6~25层为商务写字楼区域，面积为37807m²，26~50层为酒店区域，面积为39898m²，绿地面积为5992m²。建筑的结构体系，主楼为钢管混凝土框架+钢筋混凝土核心筒+伸臂桁架结构体系，裙楼为钢筋混凝土剪力墙结构。建筑的开工日期为2011年4月30日，竣工日期为2015年11月27日。

项目获得了绿色建筑二星级运行标识认证、中国钢结构金奖、中建总公司科技推广示范工程、全国绿色施工示范工程、上海市优秀工程设计二等奖、2016—2017年度国家优质工程奖等诸多奖项。

昆钢科技大厦建成图

创新技术

1. 高原地区超高层结构与施工关键技术

本项目所在场地设防烈度为8度，结构高度达220m，结构体系采用矩形钢管混凝土框架+型钢混凝土核芯筒+伸臂桁架混合结构体系，在26层、42层各设置4道贯通核芯筒的斜腹杆加强桁架，属于复杂超限高层建筑。楼层采用钢梁+压型钢板组合楼板，钢结构装配式结构有助于减轻结构自重，提高构件质量、结构整体安全性与施工效率。桩基础采用桩端注浆施工工艺，桩基承载力提高30%，取得良好的经济效益。

面对高度超限的难点，采用了以下抗震加强措施：对重要构件进行性能化设计，筒体底部加强区墙体满足大震下抗剪截面控制条件，斜截面按照中震弹性进行设计；伸臂桁架和环形桁架满足中震不屈服。进行弹塑性时程分析，了解大震下结构的抗震性能，补充局部结构构件的有限元分析，详细了解其受力性能，有针对性地采取抗震加强措施。

昆钢科技大厦首次在云南地区超高层建筑中使用"内外全爬"液压爬模施工，核心筒结构层施工最快达到两天一层，创云南记录。

2. 因地制宜、因项目制宜的被动式绿色建筑技术综合利用

（1）竖向遮阳

针对昆明辐射较大的特点，本项目裙楼东、西立面设置永久性的外遮阳系统，采用的是哑光表面处理的不锈钢遮阳百叶。

遮阳百叶为垂直外遮阳，外探850mm，水平间隔1125mm，遮阳系数：西向0.69、东向0.59。

（2）自然同通风与天然采光

昆明为春城，自然通风可利用时间长。项目利用昆明气候特点，全楼进行自然通风，效果良好，同时结合塔楼设计，全区域采光。

结构施工过程照片

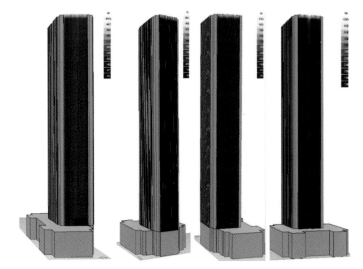

各立面遮阳模拟

立面遮阳照片

室内开窗实景

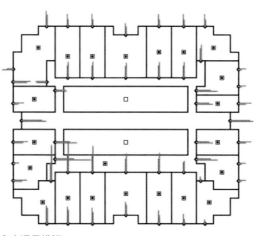

室内通风模拟

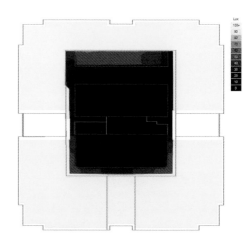

室内采光模拟

3. 温度、湿度独立控制技术应用

项目在云贵高原第一个采用温度、湿度独立控制技术。在办公楼层中应用了温度、湿度独立控制空调系统，采用"高低温冷源+新风机+冷梁空调末端系统"的空调系统方案，系统主要由冷源、新风空调机组、冷梁、各设备连接管线（风管、水管）以及相关楼宇控制系统组成，其中包含冷水机组、风柜以及主动式冷梁，系统温度、湿度独立控制，一台高温冷水机组负责室内冷梁负荷，一台低温大温差冷水机组负责空调新风机组负荷。

温度、湿度独立控制系统满足了不同房间热湿比不断变化的要求，克服了常规空调系统中难以同时满足温度、湿度参数的要求，避免了室内湿度过高（或过低）的现象。高温冷水机组由于增大了供回水的温差，整个空调系统水流量相应减小，使得空调水系统水管管径减小，系统内的其他设备诸如水泵、冷却塔的能耗得以降低，整个系统达到节能运行的目的。

冷梁系统取消了风机，从而降低了运行噪声，将用户从烦躁的噪声中解脱出来。由于冷梁的冷冻水供水温度较传统空调的高，减小了换热温差，避免了在冷梁下活动的人有吹风感及干冷的感觉，提高空调系统的舒适度。

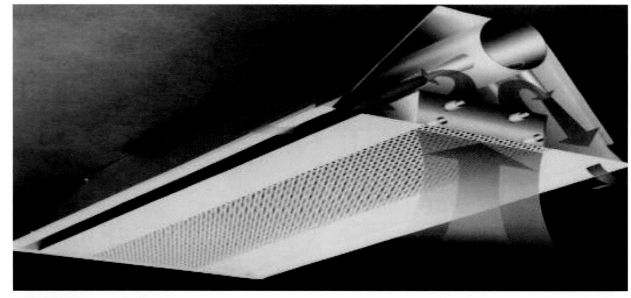

冷梁末端效果图

冷站照片

4．设计施工BIM技术应用

利用先进的三维BIM技术进行模拟、辅助工程施工。对关键特殊工艺进行观看，使重要工艺交底直观化、可视化。执行样板引路，使工人熟练掌握质量控制标准和工艺流程等措施，确保质量。

5．云贵高原可再生能源利用

云贵高原太阳辐射强。本项目采用太阳能光热系统提供生活热水。在5层裙房布置了380m²太阳能光热板，设计选用50t的储水罐，太阳能全年供应热水量为8428.49m³，建筑生活热水量为111551.3m³，热水供应比例为7.56%。

6．全过程绿色，数据接入云南公共建筑运行能耗数据平台

运行阶段数据不间断地上传至云南省公共建筑运行能耗数据平台，物管单位利用运行数据持续改进运行，实现了高品质、低能耗的绿色运行。

专家点评

该项目首次在云南地区超高层建筑中使用"内外全爬"液压爬模施工方法。针对昆明气候特点，采用建筑空间形体与环境相结合的设计策略，设置永久性外遮阳系统，并优化天然采光和自然通风。综合应用太阳能热水，首次在高原地区采用"高低温冷源+新风机+冷梁空调末端系统"空调方案，实现温湿度独立控制，降低系统运行能耗，提高室内舒适度。设计建造和运行阶段运用BIM新技术，实现了高品质、低能耗的绿色建造和运行。

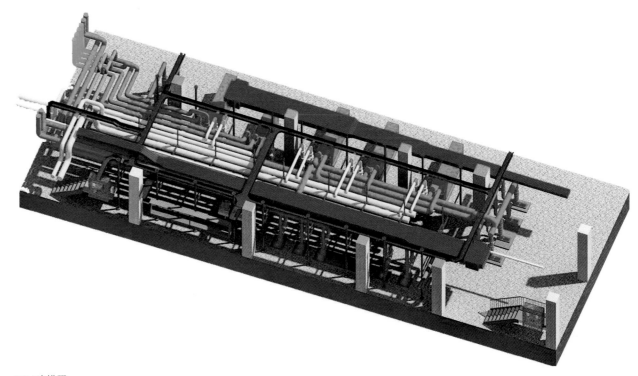

BIM建模图

太阳能热水安装图

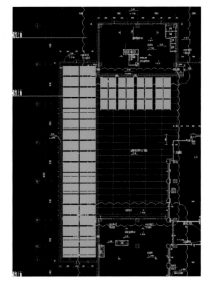

太阳能设计图

甘肃科技馆

获奖情况

获奖等级：三等奖

项目所在地：甘肃省兰州市

完成单位：甘肃省建筑设计研究院有限公司

项目完成人：冯志涛、莫笑凡、党晓晖、靳东儒、符勇、王璐、张举涛、郑世钧、芮佳、胡斌东、曲洪彦、姜凌云、毛明强、郑安申、陶生辉、李成坤、张宏、黎琰、程程、王金

项目简介

甘肃科技馆位于甘肃省兰州市安宁区，总用地面积48190.5m²，总建筑面积50075m²。地上5层，地下1层，建筑高度为37.4m。

甘肃科技馆是一个集科学性、知识性、趣味性、参与性为一体的多功能、综合性、现代化的大型科技活动场馆，综合集成了太阳能光伏、光热、雨水中水回用、导光管照明、透水混凝土地面、可循环材料利用等技术措施，是甘肃地区绿色建筑技术与公共建筑结合的典范。项目荣获绿色建筑评价标识公共建筑设计评价标识三星认证，也是甘肃省首个获得绿色建筑设计评价标识三星认证的公建项目，获得2017—2018年度甘肃建设工程飞天奖，2015年成为第三批全国建筑业绿色施工示范工程。

甘肃科技馆鸟瞰图

设计理念

建筑形体生成

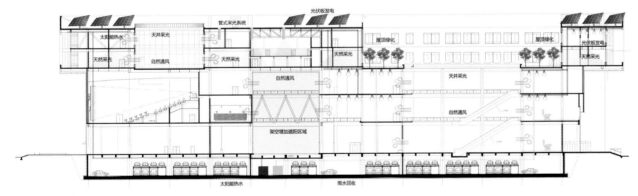

可持续设计策略

中庭空间

连廊空间

创新技术

1．地域特色

甘肃科技馆建筑的设计以"流动的客厅"为设计理念，将各部分功能空间通过极具科技感的巨型球体和巨大的方形实体组织起来，反映出科技的力量，并通过建筑图形产生视觉冲击力。在科技馆的体块顶部切出方形的交流展示庭院，展现一种重生的文脉。立面设计采用整体构成的设计语言，通过主要的形态组件，虚实空间穿插、咬合，形成一个完整的外部形象。各组件从属于整体并相互关联，立面肌理的处理使个体既有独立的位置特征，同时又具有统一整体的形象。它的灵感来自黄土高原地区民居特有的"地坑院"形态，秉承天人合一的精神，同时也为办公、科研提供自然采光与通风。这种以地域特有的民居形式提炼形成的空间布局，构成巨大的"G"字，寓意"科技托举甘肃"的理念。

2．采光技术

甘肃科技馆设计中不仅采取传统的采光方式增加室内采光，如大中庭、小天井采光方式，也采用了当时新型的导光管技术作为辅助采光形式，改善室内光环境。

3．通风技术

甘肃科技馆主要通过建筑空间布局设计和对窗户可开启面积的控制，保证建筑通风。设计中增加了窗户的可开启面积和幕墙的可开启面积，减少了过渡季节空调的使用，减少CO_2排放。窗户的可开启比例为35.30%，幕墙的可开启比例为5.03%。建筑院落、厅廊结合的空间布局，也为室内通风提供了很好的条件，提高了室内舒适度。

建筑内中庭

建筑连廊

植草砖铺装

透水混凝土铺装

太阳能光伏板

中水利用

屋顶绿化

高强度建筑材料

BIM技术

智能化管理

4．可再生能源利用技术

甘肃科技馆所处的太阳能资源为二类地区，太阳能资源丰富。甘肃科技馆中对太阳能利用主要是光伏发电和太阳能热水系统，光伏发电提供了电能，太阳能热水系统提供生活热水。

5．新材料技术

甘肃科技馆选择高强度、高性能的材料，Q345及以上高强度钢材用量的比例为97.88%。项目再利用材料和可再循环材料使用重量占所有建筑材料总重量的比例为26.93%。

6．透水铺装技术

甘肃科技馆是首个在湿陷性黄土地区大面积采用透水铺装的项目，包括大面积的透水混凝土铺装和小面积的植草砖，透水铺装面积的比例达到了90.32%，使场地年径流总量控制率达到了59.65%。

7．节水技术

建筑生活用水由市政给水管网供给，市政给水引入处设置总表计量，把生活用水、热水、中水回用（绿化回用）用水等分开单独计量。卫生洁具采用节水型产品，绿化及道路浇洒由室内中水及雨水供给，并采用喷灌方式，避免水资源浪费。

8．智能化技术

甘肃科技馆弱电系统设计包括火灾自动报警及消防联动系统、火灾漏电报警系统、背景音乐及紧急广播系统、安全防范系统、综合布线系统、通信网络系统、建筑设备监控系统等。

9．屋顶绿化技术

甘肃科技馆在设计中合理设置屋顶绿化，屋顶绿化面积占屋顶可绿化面积比例为26%。屋顶绿化改善各种废气污染而形成的城市热岛效应，降低了甘肃地区沙尘暴等对人类生活的影响。

10．BIM技术

甘肃科技馆在规划设计、施工建造、运行维护阶段均应用BIM技术，通过参数模型整合各种项目的相关信息，在项目策划、运行和维护的全寿命周期过程中进行共享和传递，使工程技术人员对各种建筑信息作出正确理解和高效应对，在提高生产效率、节约成本和缩短工期方面发挥重要作用，成为甘肃省真正意义上全过程使用BIM技术的项目。

专家点评

该项目以"流动的客厅"为设计理念，将各部分功能空间通过极具科技感的空间组合产生视觉冲击力，通过主要的形态组件，虚实空间穿插、咬合，形成一个完整的空间，体现出黄土高原地区民居特有的"地坑院"形态，秉承天人合一的建筑风格。在自然采光与通风、太阳能光电、光热合理的利用等方面做了有益的尝试，并结合智能化、BIM、可再循环材料、透水铺装等绿色技术合理的应用，充分体现出绿色建筑技术在西北地区的适宜应用方式。

甘肃科技馆实景图

建筑细部

兰州市建研大厦绿色智慧科研综合楼改造工程

获奖情况

获奖等级：三等奖

项目所在地：甘肃省兰州市

完成单位：甘肃省建筑科学研究院有限公司、甘肃建研建设工程有限公司、甘肃省建筑设计研究院有限公司、甘肃华兰工程监理有限公司

项目完成人：张永志、王公胜、史智伟、冯志涛、刘赟、莫笑凡、党晓晖、李建华、王蓉、潘星、雷鸣、田恬、卢彦、李斌、马梅、李俊杰、陶生辉、匡静、张书维、李高峰

项目简介

兰州市建研大厦绿色智慧科研综合楼改造工程位于兰州市安宁区北滨河路以北，B582号规划路以西，项目用地面积8450.58m²，总建筑面积18035.78m²，地下2层，地上12层。地下为车库及设备用房，地上为办公、展厅及活动用房，为二类高层公共建筑。

本项目改造应用BIM信息化技术、智能化建筑管理系统及绿色建筑新技术。绿色建筑新技术主要包括环境监测技术、能耗监测技术、结构健康监测技术、地下空间导光管技术、太阳能光伏发电技术、新风系统除尘净化改造技术、智能遮阳技术等。项目已获得2020年健康建筑二星级标识、2019年国家绿色建筑设计三星级标识、2019年首届智能建筑技术创新大赛运维组三等奖、第五届"科创杯"中国BIM技术交流大赛专项组三等奖、甘肃省第二届BIM技术应用大赛专项组二等奖。

兰州市建研大厦绿色智慧科研综合楼改造工程应用技术

办公大楼实景图

创新技术

1. 智能化建筑管理系统

通过智能化集成综合管理运维平台系统（IBMS）的建设，实现智慧化管理。该系统包括能耗管理、建筑设备管理、安防管理等多种功能应用，达到安全、高效、舒适、节能的建筑管理目的。

本系统对科研综合楼能源管理系统、环境监测系统、结构健康监测系统、太阳能光伏发电系统、新风除尘净化系统等子系统进行统一整合，为今后各项系统的应用，建立一个统一的数字化平台，有效提升整个办公建筑的综合运维管理水平。

2. 能耗监测技术

公共建筑能耗密度高，同时面临能源浪费严重的问题，因此具有巨大的节能空间。建立"建筑物能耗监测平台"，对科研综合楼空调、照明、动力、机房等用能单位进行分层、分项计量；多功能智能化仪表实现电量采集，汇总于一个监测平台，以统计、分析用电情况，电能浪费漏洞，及时调整楼内用电情况。

此外，能耗监测数据还可经过企业端设备汇集到省级平台，为政府部门加强节能宏观调控提供支撑，与国家相关能源控制和能耗监测技术相契合。

3. 环境监测技术

在科研综合楼1层大厅、12层会议室、部分办公室、地下车库和室外屋面设置环境监测点，对室内外大气环境参数实时监测。在1层大厅展示屏幕上实现评估报表的发布。

通过对室内环境参数的实时监测，可全面了解室内空气质量及污染状况。对阶段性监测数据进行分析统计和实时发布，可实现与新风系统的联动，有助于提高室内新风系统工作效率，降低系统能耗，并能有效改善室内空气质量，提高室内办公人员工作效率。

IBMS后台系统界面

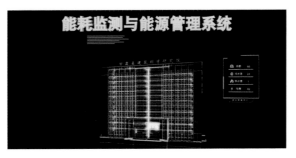

能耗监测点位

环境监测系统布点示意

室外监测设备

4．结构健康监测技术

建立科研综合楼整体结构模型并进行结构计算，根据计算结果及工程实际，研究制定结构健康监测方案。基于监测方案中的测点布置方案，将监测传感器安装在主体结构关键部位的预留位置并接线调试，整套健康监测系统正式运行。

建立科学、经济、合理的结构安全监测平台，实现结构实时在线监测，通过结构监测项的实测数据真实反映整体结构的安全状态。通过监测系统内的海量数据分析与处理，对结构出现的损伤进行定性、定位和定量分析，实现远程预警，防患于未然。

5．BIM信息化技术

本项目在改造设计、施工、运维全过程应用了BIM信息化技术。设计阶段，BIM信息化技术的应用体现在辅助设计、方案确定、工程量统计、工程量预算方面；施工阶段，辅助施工单位进行施工，辅助监理进行工程验收及隐蔽工程的验收等；运维阶段，辅助科研综合楼运营系统的参数采集、建筑标准化信息平台搭建和运维管理。

结构健康监测平台

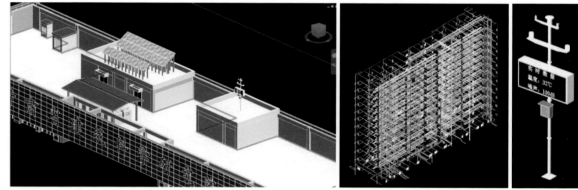

BIM信息化技术

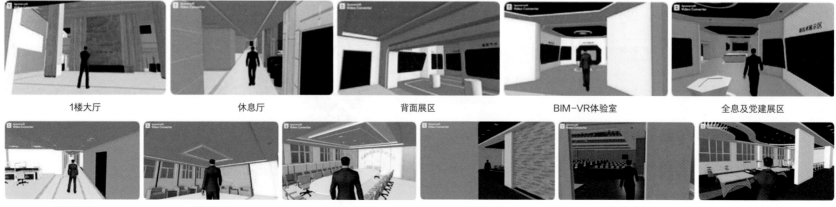

1楼大厅　　休息厅　　背面展区　　BIM-VR体验室　　全息及党建展区

8楼会议室　　9楼接待室　　多功能会议室　　12楼接待厅　　12楼会议室　　休闲娱乐厅

BIM新计划技术

6．导光管技术

导光管照明系统可通过室外的采光装置捕获室外的日光，经过导光装置及漫射器均匀导入室内需要光线的地方。

本项目将地下室采光系统改造为导光管采光系统与照明系统联动。应用复合系统，地下室采光白天通过导光管采光系统，夜间或极阴天开启照明系统。复合系统的照明效果与单一的照明灯具效果一样，可实现降低建筑能耗的目的。

7．太阳能光伏发电技术

项目在科研综合楼楼顶出屋面6-3~6-5×6-C~6-D轴线范围内布置13.6kWp分布式光伏发电系统，共计安装340W组件48套。利用太阳能发电并实时发布电量信息，所发电量用于科研综合楼的照明使用。

专家点评

该项目通过对室内环境参数的实时监测，对阶段性监测数据进行分析统计和实时发布，实现与新风系统的联动，有助于提高室内新风系统工作效率、降低系统能耗，有效改善室内空气质量，提高室内办公人员工作效率。采用光导管技术充分利用自然光，体现了健康舒适、资源节约的高品质绿色建筑理念。通过制定结构健康监测方案，将监测传感器安装在主体结构关键部位的预留位置并接线调试，实现结构实时在线监测、整合了能源管理、环境监测、结构监测、太阳能光伏发电、新风除尘等系统，形成智慧化管理平台，对同类办公建筑绿色设计和智慧管理具有一定的示范性。

导光管室外布置

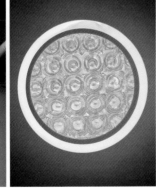

导光管室内效果

智能窗帘

智能窗帘控制中心

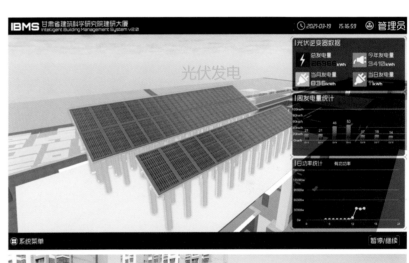

太阳能光伏发电

图书在版编目（CIP）数据

2020年全国绿色建筑创新奖获奖项目集／住房和城乡建设部标准定额司组织编写. —北京：中国建筑工业出版社，2021.10

ISBN 978-7-112-26567-1

Ⅰ.①2… Ⅱ.①住… Ⅲ.①生态建筑—建筑设计—作品集—中国—现代 Ⅳ.①TU206

中国版本图书馆CIP数据核字（2021）第188829号

责任编辑：田立平　牛　松　咸大庆　刘　江
书籍设计：张悟静
责任校对：王　烨

2020年全国绿色建筑创新奖获奖项目集
住房和城乡建设部标准定额司　组织编写
*
中国建筑工业出版社出版、发行（北京海淀三里河路9号）
各地新华书店、建筑书店经销
北京锋尚制版有限公司制版
北京富诚彩色印刷有限公司印刷
*
开本：787毫米×1092毫米　1/12　印张：22　插页：3　字数：907千字
2022年1月第一版　2022年1月第一次印刷
定价：**280.00**元
ISBN 978-7-112-26567-1
　（37898）